21 世纪高等院校非计算机专业计算机基础课程系列教材

Excel 实用教程

杨尚群　曹淑艳　主　编
乔　红　蒋亚珺　副主编

人 民 邮 电 出 版 社

北 京

图书在版编目（CIP）数据

Excel 实用教程 / 杨尚群，曹淑艳主编．—北京：人民邮电出版社，2006.10（2015.12 重印）
（21 世纪高等院校非计算机专业计算机基础课程系列教材）

ISBN 978-7-115-15199-5

Ⅰ．E... Ⅱ．①杨... ②曹... Ⅲ．电子表格系统，Excel—高等学校—教材 Ⅳ．TP391.13

中国版本图书馆 CIP 数据核字（2006）第 102001 号

内 容 提 要

本教材从 Excel 最基本的操作出发，较系统地介绍 Excel 2003 的基本功能、操作技巧、各种实用函数、数据处理和数据分析工具的使用等。本教材与其他教材不同之处在于用实例引导学生掌握解决实际应用问题的方法，注重实用性和可操作性。为了巩固学生所学习的内容，每一章都配有习题和参考答案。为了教师很好地组织教学，培养学生实际操作能力，每一章都配有上机实验，实验所用的数据以及实验结果等可以从人民邮电出版社的网站下载。

本教材的内容由浅入深，适合各个层次的学者使用。教材的内容特别适合作为财经类院校大学本科课程的教材（除第 8 章部分内容以外），也可作为研究生 Excel 课程教材。本教材也适合作为 Excel 培训班的辅导教材，或办公室管理人员和计算机爱好者的自学参考书或速查手册。

21 世纪高等院校非计算机专业计算机基础课程系列教材

Excel 实用教程

◆ 主　　编　杨尚群　曹淑艳

　　副 主 编　乔　红　蒋亚珺

　　责任编辑　赵桂珍

　　执行编辑　须春美

◆ 人民邮电出版社出版发行　　北京市丰台区成寿寺路 11 号

　　邮编　100164　　电子函件　315@ptpress.com.cn

　　网址　http://www.ptpress.com.cn

　　北京中石油彩色印刷有限责任公司印刷

◆ 开本：787×1092　1/16

　　印张：12.75　　　　　　2006 年 10 月第 1 版

　　字数：303 千字　　　　　2015 年 12 月北京第 18 次印刷

ISBN 978-7-115-15199-5/TP

定价：25.00 元

读者服务热线：(010)81055256　印装质量热线：(010)81055316

反盗版热线：(010)81055315

编者的话

信息技术的发展，推动人类社会生活的信息化。计算机应用技术已经成为各个领域人员必须掌握的重要技能。许多用人单位把掌握计算机应用技能作为录用的条件。计算机水平已经成为衡量人才素质的一个重要指标。Excel是 Office 办公系列软件之一，应用范围非常广泛，已经是办公自动化、数据处理、数据分析等方面非常有用的工具。

本教材全面系统地介绍了 Excel 2003 的功能和使用方法。在第 1 章的基础知识和基本操作中强调了加密保存文件、"移动/复制"和"移动插入/复制插入"的区别、文件的导入和分列等。在第 2 章介绍公式、常用函数和数组的同时，以实例的方式介绍了实发工资与工薪税的计算、银行存款利息计算、财务数据计算以及收益预测表的建立等。在第 3 章的工作簿与工作表中，主要介绍不同的工作簿之间"移动/复制"工作表、如何保护/隐藏工作表、同时显示多个工作表、窗口的拆分与冻结等。在第 4 章的格式化工作表中重点介绍改变数据的显示格式、数据的格式修饰、表格的格式修饰、定位、查找与替换等功能。在第 5 章图表与打印输出中介绍常用图表和组合图表的创建与修饰；"分页预览"视图与"分页符"的使用；打印重复标题、"页眉/页脚"和调整页边距等。在第 6 章的数据处理与管理中介绍了数据清单、自动筛选与高级筛选、数据列/行的排序技巧、按自定义序列排序、分类汇总与数据透视表、分级显示、合并计算和列表（Excel 2003 增加的功能）等。在第 7 章的函数与应用中较全面地介绍了数学与三角函数、统计函数、逻辑函数、数据库函数、财务函数、日期函数、文本函数、查找和引用函数等，并且通过实例介绍函数的应用。在第 8 章的数据分析中介绍了单变量求解、模拟运算表、方案管理器、线性回归分析、规划求解、移动平均、相关分析、方差分析和 t 检验等工具的功能，同时通过实例介绍这些分析工具的用途和使用方法。在第 9 章介绍如何建立个人的菜单和工具栏；用"宏"建立自定义功能的命令并放到菜单或工具栏；在不同的程序之间传递数据等。第 10 章~第 12 章的内容是与前面章节配套的上机实验，包括基本应用实验、函数应用实验和高级应用实验。

本教材第 1 章至第 7 章和第 9 章由杨尚群编写；第 8 章、第 11 章的 11.1、11.2、11.3、11.5 和第 12 章由乔红编写；第 10 章和第 11 章的 11.4 由蒋亚珺编写。本书由杨尚群、曹淑艳主编，乔红、蒋亚珺副主编。沈沉、李慧明、张丽萍等老师参与了本教材的资料收集、整理，并为本教材提出了宝贵的建议。由于作者水平有限，加上时间仓促，书中错误在所难免，望有关专家和读者给予指正。

编　者
2006 年 8 月

目录

第1章   Excel 的基础知识与基本操作

1.1   Excel 简介

1.1.1   Excel 功能简介

Excel 是 Microsoft Office 办公系列软件中的电子表格处理软件，用于对表格式的数据进行处理、组织、统计和分析等。在我国最早流行的是 Excel 5.0 版本，它是微软公司在 Excel 4.0 之后于 1993 年推出的，后经清华大学等单位的协作在 1994 年又正式推出了 Excel 5.0 中文版等。在这之后，微软公司又对 Office 进行完善，推出了 Office 95（含 Excel 7.0）、Office 97（含 Excel 97）、Office 2000（含 Excel 2000）、Office XP（含 Excel XP）、Office 2003（含 Excel 2003）等。每一个新版本的出现，都是在原 Excel 的基础上增加了新的功能，并且有很大的改进，使函数的结果更加精确，运算速度更快。本教材介绍目前较流行的 Excel 2003。

电子表格是由行和列组成的矩阵，矩阵中的每一个元素作为一个存储单元能存放数值型的数据、文字和公式等。在电子表格中可以方便地建立各种表格、图表，完成各种计算任务，分析数据和输出报表等。

Excel 与其他同类软件相比，具有界面友好、功能强大、操作方便等优点，因此，在金融、财务、单据报表、市场分析、统计、工资管理、工程预算、文秘处理、办公自动化等方面，Excel 是非常实用的工具。如果将 Excel 与 Office 中其他工具软件配合使用（例如 Word、Access 等），可满足日常办公的文字和数据处理的需要，能真正实现办公自动化。

Excel 的主要功能与特点如下。

● 具有直观易学的二维表界面，使各种复杂的编辑和计算操作变得简单容易。

● 具有操作记忆及多种表格处理等功能。能对删除、修改等所有编辑操作进行记忆，并可多级恢复。

● 具有自动输入数据序列、动态复制公式的功能，使统计表格的制作变得非常容易。

● 处理速度快、工作表的规模大，一个工作表由 65 536 行、256 列组成。

● 具有对表格数据进行算术运算、关系运算和文本运算的功能。

● 提供简便易学的函数使用方式，不需要记忆函数的格式和功能，也可方便地使用各种函数。

● 具有便利的生成各种统计图表和编辑图表的功能。

● 具有数据库的处理功能。Excel 把表格与数据库融为一体，对数据进行排序、筛选、编辑和组织等操作更易学。

● 提供数据分析、趋势预测和统计功能。如自动建立交叉数据分析表、单变量求解、模拟运算表、方案求解、规划求解、回归分析、相关性检验、移动平均、相关系数、方差分析、T 检验、变异数的分析等，为决策者提供了决策的依据。

● 与 Word 一样，可以对数据和表格做各种格式设置和修饰，可以添加页眉/页脚，插入图片、图形等。

● 具有与其他应用程序交换数据的功能。

● 提供了 Visual Basic 设计语言，可以通过简单的编程，设计出符合自己要求的数据管理系统，使数据处理自动化。

● Excel 每一个功能的使用方法和技巧都可以在"帮助"菜单中找到。用户可以边用边学。

● 提供了 Internet 功能。漫游 Web 网，从网上获取数据，创建 Web 页等。

1.1.2　Excel 的启动、退出和关闭

1．启动 Excel

启动 Excel 是指运行 Excel 应用程序，可以选择下列方法之一启动 Excel。

方法 1：单击 开始 菜单→ 程序 → Microsoft Excel 。

启动 Excel 后，在 Excel 应用程序窗口内自动建立并打开一个新的空白的 Excel 文档窗口，并暂时命名为"Book1"（默认文件名 Book1.xls）。

方法 2：双击桌面上 Excel 快捷方式图标。

方法 3：启动 Excel 的同时打开 Excel 文件。操作方法是：双击桌面上的"我的电脑"或用鼠标右键单击"我的电脑"→ 资源管理器 ，或用鼠标右键单击任务栏上的 开始 → 资源管理器 ，在资源管理器的文件列表中查找要打开的 Excel 文件，双击 Excel 文件图标。

如果经常使用 Excel，可以在桌面建立 Excel 快捷方式图标。建立的方法是：单击 开始 菜单，选择 程序 ，按住 Ctrl 键的同时将 Microsoft Excel 拖曳到桌面，先松开鼠标，后松开 Ctrl 键，可立即在桌面建立 Excel 的快捷方式图标。

启动 Excel 应用程序后，可以在该应用程序窗口打开和建立多个 Excel 文档。也可以启动多个 Excel 应用程序，在每一个应用程序窗口都打开和创建多个 Excel 文档。可以在 窗口 菜单下看到，在当前应用程序窗口打开和建立的 Excel 文档名列表。

2．退出 Excel

退出 Excel 是指终止 Excel 应用程序运行，关闭 Excel 应用程序窗口。可以选择下列方法之一退出 Excel。

方法 1：单击"标题栏"最右边的"关闭"按钮。

方法 2：单击 文件 菜单→ 退出 。

方法 3：按 Alt + F4 键。

在退出 Excel 时，系统会依次关闭所有打开的 Excel 文档，如果被关闭的 Excel 文档在编辑后没有存盘，则系统会自动显示一个提示框询问是否保存，用户确认后，系统关闭所有文档后再退出。

3．关闭 Excel

关闭 Excel 是指关闭当前 Excel 文档窗口，并不退出 Excel。可以选择下列方法之一关闭

Excel。

方法 1：单击"菜单栏"右侧的"关闭窗口"按钮 ⊠。

方法 2：单击 文件 菜单→ 关闭 。

如果同时关闭所有打开的 Excel 文档，按 Shift 键的同时选择 文件 菜单→ 全部关闭 命令。

方法 3：按 Ctrl + F4 键。

1.1.3　Excel 的窗口、工作簿和工作表

启动 Excel 后，打开 Excel 应用程序窗口，如图 1.1 所示。Excel 应用程序窗口由标题栏、菜单栏、工具栏、名称框、编辑栏、状态栏和 Excel 文档窗口组成。

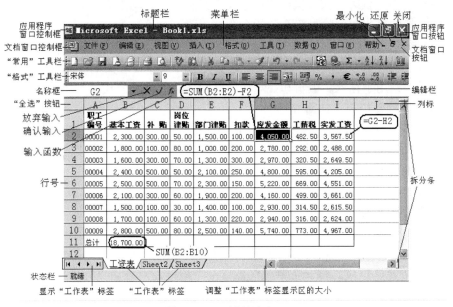

图 1.1　Excel 应用程序窗口

1．"标题栏"与"菜单栏"

（1）标题栏：显示 Excel 文档名。标题栏的左侧是应用程序窗口控制框，右侧是应用程序窗口按钮（最小化、最大化/还原、关闭），用于控制当前应用程序窗口。鼠标双击"标题栏"，可放大 Excel 应用程序窗口到最大化或还原到最大化之前的大小。

（2）菜单栏：显示菜单项（名）。菜单栏的左侧是文档窗口控制框，右侧是文档窗口按钮（最小化、最大化/还原、关闭），用于控制当前文档窗口。选择菜单命令列表有以下两种方法。

方法 1：鼠标单击菜单名。

方法 2：按 Alt 键的同时键入菜单名后面括号内带下划线的字母键。

系统提供了 9 个菜单，可以根据需要添加、修改或删除菜单和菜单命令（见第 9 章的介绍）。

2．工具栏

Excel 提供了十几种用于各种不同用途的工具栏。用工具栏能更方便地执行 Excel 的各种命令。在默认情况下，只显示"常用"工具栏和"格式"工具栏。可以根据需要，显示、隐

藏、移动、新建或删除工具栏或工具栏上的按钮。

（1）显示/隐藏工具栏

方法 1：鼠标指针指向菜单栏或任意一个工具栏，单击鼠标右键弹出工具栏名称列表，选择其中之一。如果在工具栏名称前面有"√"，表明该工具栏已经显示，再次选择则隐藏该工具栏。

方法 2：单击 视图 菜单→ 工具栏 →在工具栏名称列表中选择显示或隐藏工具栏。

当鼠标指针指向工具栏上的某个按钮停留片刻时，在按钮下面会显示按钮的名称。用鼠标单击该按钮执行该按钮功能。

（2）移动工具栏

在工具栏的最左侧有一个凸起的"竖条"，当鼠标指针移到这个"竖条"并且鼠标指针变成"十字箭头"✛形状时，按住鼠标左键拖曳工具栏，可移动工具栏。

有关工具栏的新建和删除见第 9 章的介绍。

3．名称框、编辑栏

（1）名称框：用于显示活动单元格的地址、定义单元格区域的名字或选定单元格区域。

（2）编辑栏：用于输入、编辑和显示活动单元格的数据或公式。

4．Excel 文档窗口与工作簿

一个 Excel 应用程序窗口内可以打开多个 Excel 文件，默认的 Excel 文件扩展名为".xls"。Excel 文件（文档）也称为工作簿，占用一个 Excel 文档窗口。一个工作簿由一个或多个工作表组成，工作表的个数可以超过 255 个。

5．工作表与工作表标签

（1）工作表与单元格

工作表由单元格、行号、列标、工作表标签等组成。工作表中的一个方格称为一个单元格，水平方向有 256 个单元格，垂直方向有 65 536 个单元格，因此，一个工作表由 65 536×256 个单元格组成。每一个单元格都有一个地址，地址由"行号"和"列标"组成，列标在前，行号在后。列标的表示范围为 A～Z，AA～AZ，BA～BZ，…，IA～IV，行号范围为 1～65 536。

例如，第 2 行第 3 列的单元格地址是"C2"。用鼠标单击一个单元格，该单元格被选定成为当前（活动）单元格，同时名称框显示单元格的地址，编辑栏显示单元格的内容。

按 Ctrl +箭头键，可快速移动到当前数据区域的边缘。例如，如果数据表是空的，按 Ctrl + → 键，移到 IV 列，按 Ctrl + ↓ 键，移到 65 536 行。

（2）工作表标签

工作表标签是工作表的名字（见图 1.1 的下面）。单击工作表标签，使该工作表成为当前工作表。如果一个工作表在计算时要引用另一个工作表单元格中的内容，需要在引用的单元格地址前加上另一个"工作表名"和"！"符号，形式为：

〈工作表名〉！〈单元格地址〉

启动 Excel 后，系统默认有 3 张工作表，即 Sheet1～Sheet3。下面举例说明如何在一个工作表引用另一个工作表的单元格区域。如果在 Sheet1 工作表的 A1 和 A2 单元格分别输入 10 和 20，并且在 Sheet2 工作表中的某个单元格输入公式：

=sheet1!A1+sheet1!A2

则 Sheet2 工作表中该单元格的值为 30。也可以用比较简便的方法输入公式，例如，用鼠标单击 Sheet2 的一个单元格，输入等号"="，单击工作表标签"Sheet1"，单击 Sheet1 中 A1 单元格，输入加号"+"，单击 Sheet1 中 A2 单元格，按回车键即可。

6. 单元格区域的表示

一个单元格区域由多个连续的单元格组成。在表示单元格区域时，用冒号、逗号或空格作为分隔符的含义是完全不同的，在书写时一定要注意。

（1）冒号的使用

如果要引用一个单元格区域，用冒号":"表示。习惯上的表示形式为：

〈单元格区域左上角单元格地址〉:〈单元格区域右下角单元格地址〉

例如：

A1:A3 表示 A1，A2，A3 共 3 个单元格。

B2:C4 表示 B2，B3，B4，C2，C3，C4 共 6 个单元格。

当然，一个单元格区域也可以采用其他表示形式。你可以自己试一下，若在一个单元格输入：

=SUM(B4:C2)

或者=SUM(C2:B4)

或者=SUM(C4:B2)

则系统会自动变为=SUM(B2:C4)的表示形式，这说明这几种表示形式是等价的。

（2）逗号的使用

如果要引用两个单元格区域的"并集"，用逗号","表示。"并集"是包含两个单元格区域的所有单元格。例如求和公式"=SUM(A1:A4)"等价"=SUM(A1,A2,A3,A4)"，等价于"=SUM(A1:A3，A4)"等等。

你可以自己练习一下，若在 A1 和 A2 单元格分别输入数字 1，在 A3 单元格输入公式：

=SUM(A1:A2,A1:A2)

则 A3 的值为 4 就对了。

这是因为 A1:A2，A1:A2 等价 A1，A2，A1，A2 共 4 个单元格。

（3）空格的使用

如果要引用两个单元格区域的"交集"，用空格表示。"交集"是两个单元格区域的公共单元格区域。

例如：B2:C4　C3:D4 表示 C3 和 C4 两个单元格。这是因为，

B2:C4 等价 B2,B3,B4,C2,<u>C3,C4</u>

C3:D4 等价 <u>C3,C4</u>,D3,D4

它们的交集是 <u>C3,C4</u>。

你可以自己练习一下，若在 A1 和 A2 单元格分别输入数字 1，在 A3 单元格输入公式：

=SUM(A1　A2)

则 A3 的值为"＃NULL！"就对了，这表示结果为空集。

若 A1、A2 和 A3 单元格分别输入数字 1，在 A4 单元格输入公式：

=SUM(A1:A2　A2:A3)

则 A4 的值为 1 就对了，因为它们的交集是 A2。

1.1.4　文件的建立与打开

1. 新建空白文档

启动 Excel 后，系统自动建立一个新的空白文档，并在当前 Excel 文档窗口打开，系统默认文件名为 Book1.xls。如果还要建立 Excel 文档，可以用下面介绍的方法进行操作。

新建一个 Excel 文档，实际上是建立并打开一个空白的 Excel 文档。系统默认新建的 Excel 文档（一个工作簿）包含 3 个工作表。如果希望每次新建的文档中能自动包含指定数量的工作表，需要在新建文档之前改变默认的设置。操作方法是：单击 工具 菜单→ 选项，在"常规"选项卡的"新工作簿内工作表数"中可以设置 1～255 个。若设置为 10，在新建文档时，工作簿应该包含 10 个工作表。当然，如果设置为 255 个，千万不要认为一个工作簿最多只能包含 255 个工作表，你仍然可以选择 插入 菜单→ 工作表 命令插入新的工作表。

新建文档有以下两种方法。

方法 1：单击"常用"工具栏中的"新建空白文档"按钮。

方法 2：单击 文件 菜单→ 新建，在"常用"选项卡选中"工作簿"→ 确定。

2. 用已有的"模板"建立 Excel 文档

Excel 提供了一些常用的模板，包括收支预算表、收益预测表、销售预测表、简单贷款计算器、投资收益测算器、个人预算表、股票记录单等，模板的扩展名为".xlt"。如果制作的表格与模板中的某个表格类似，可以在模板的表格基础上，快速建立自己的表格。

打开模板的操作步骤如下。

① 选择 文件 菜单→ 新建 命令，在文档窗口的右侧打开"新建工作簿"任务窗格。

② 单击"本机上的模板"，在"模板"对话框中，单击"电子方案表格"选项卡。

③ 双击要打开的模板。

例如，打开"简单贷款计算器"（见图 1.2），则会看到一个有关某个主题的 Excel 表的框架，通过这个框架可以快速建立特定的 Excel 表。

图 1.2　Excel "模板"对话框与"模板"

在该模板中看不到表的行标、列号、工作表标签和单元格的网格线，也看不到单元格中的计算公式，实际上它们是被隐藏了。可以通过选择 工具 菜单→ 选项 命令，在"视图"选项卡选中"行标列号"、"工作表标签"和"水平滚动条"，将它们显示出来。

如果有些单元格不能修改，可以肯定地说这些单元格已经被保护。选择 工具 菜单→ 保护 → 撤消工作表的保护 命令，达到修改数据的目的。对模板的编辑与对文档的编辑一样，最后可以用"保存"或"另存为"命令将该模板保存为 Excel 文档文件。

若在"简单贷款计算器"中的 C4、C5、C6 和 C7 单元格依次输入贷款总额、年息、贷款

年限和起贷日期，则自动计算出月还款额、还款次数、利息总计和本息总计，并且填充在 F4
到 F7 单元格，同时填充下面的列表，显示出每个月的还款日期、月还款额、期末余额等，这
是因为已经事先在 F4 到 F7 等单元格输入了计算公式。

3．建立模板

（1）什么时候需要用模板

如果经常要建立某一类表格，那么一种方法是将该类表格的框架保存到某个 Excel 文档文件
中，使用时找到该文件所在的文件夹，打开文件即可。但是，你必须记住每一个常用的表格文件
保存的位置。如果使用的各种类型的表格非常多，管理起来就比较麻烦。另一种方法是将表格的
框架以模板的形式保存到 Excel 的模板文件夹中，不需要记忆文件所在的位置便可以方便地打开
文件。因此，对经常使用的表格框架，为了方便地打开它们，可以将它们保存为模板文件。

（2）建立模板

建立模板的方法与建立文档一样，只是保存文件时，文件类型要选择"模板"（见后面"保
存为模板"）即可。

4．打开文档

（1）在 Excel 中打开文档

打开文档是指将外存中的文档调入内存且在窗口中显示。Excel 允许同时打开多个文档，
但是任何时候，只有一个文档窗口是活动窗口。打开文档的操作步骤如下。

① 单击"常用"工具栏中的"打开"按钮 ，或选择 文件 菜单→ 打开 命令，在"打开"
对话框中单击"查找范围"框右侧的 按钮，选择文件所在的盘符，以及所在的文件夹。

② 在列表框中选定要打开的文件→ 打开 。如果只打开一个文档，双击文档名即可。如
果同时打开多个文件，按住 Ctrl 键的同时单击要打开的文件名→ 确定 。

（2）快速打开最近曾经打开过的文档

在 文件 菜单的底部一般会显示最近在 Excel 中使用过的文件名列表，通过选择列表中的
文件名，可以快速打开最近曾经使用过的文件。如果 Excel 的 文件 菜单中没有文件名列表，
这需要改变默认设置。方法是：

选择 工具 菜单→ 选项 命令，在"常规"选项卡的"最近使用的文件列表"数值框内设置
文件的个数（最多可以设置 9 个）。如果设置为 5 个，今后 文件 菜单下面会列出最近处理过
的 5 个文件名列表，选中列表中的文件名，便可以快速打开文档。需注意的是，如果保存后
的文件已经从原来的位置移走或被删除，用这种方法打开文件会失败。

（3）在其他位置打开 Excel 文档

双击"资源管理器"中的 Excel 文件图标，可快速启动 Excel 应用程序并打开该文件。

5．文档窗口的切换

在 Excel 的 窗口 菜单下的文件名列表中，可以看到在当前应用程序窗口打开的所有文档
名，单击文档名，使该文档成为当前文档（或活动文档）。

1.1.5　文件的保存与加密保存

1．第一次保存文档

若当前的文档还没有保存过，单击"常用"工具栏中的"保存"按钮 ，或选择 文件 菜

单→另存为命令，将弹出"另存为"对话框，然后按以下步骤操作。

① 在"保存位置"下拉列表框中选择该文件应保存到的盘符和文件夹。如果文件夹还没有建立呢，可以立即建立文件夹。方法是：在该对话框的"保存位置"下拉列表框中确定新建文件夹的上一级文件夹后，单击"新建文件夹"按钮，输入新的文件夹名，按回车键即可。

② 在"文件名"文本框中输入文件名→确定。

注意：选择"另存为"命令保存文档后，当前窗口的文档位置与文件名已经变更为"另存为"时确定的文件的位置和文件名。

2．再次保存文档

如果当前文档曾经保存过，单击"常用"工具栏中的"保存"按钮，或选择文件菜单→保存命令，系统将当前文档保存到曾经保存过的原文件（覆盖原文件）后，仍然处于原来的状态。

如果要同时保存所有打开的文档，按Shift键的同时单击文件菜单→全部保存命令。

3．保存为模板

如果希望用当前的 Excel 文档作为建立其他 Excel 文档的基础文件，可以将当前文档的保存类型选为"模板"。将当前文档保存为模板的方法是：

选择文件菜单→另存为命令，在"文件类型"框内选中"模板(*.xlt)"，系统自动将保存位置变为 Excel 特定的文件夹（"Templates"），最好不要改变存放位置，否则忘记了存放的位置，很难找到文件。确定文件名后单击保存按钮即可。

若今后在建立其他 Excel 文件时需要用到模板，选择文件菜单→新建命令，在文本区右侧的任务窗格选择"本机上的模板"，在"常用"选项卡上选择要打开的个人模板即可。

4．加密保存

如果你不希望别人打开并且看到你的 Excel 文件内容，或者允许别人看到内容，但是不允许修改内容，可以在保存文档前或保存文档时设置保存或修改密码。

Excel 的加密保存包括设置打开权限密码和修改权限密码。

（1）密码的约定

如果对当前文档设置了打开权限密码后，只有知道打开权限密码的人才能再次打开该文档。因此，千万不要忘记密码，否则自己也打不开自己的文档了。

如果对文档设置了修改权限密码，只有知道修改权限密码的人才能在修改该文档后覆盖原来的文档，而不知道修改权限密码的人，允许以只读的方式打开文档，但是不能在修改文档后覆盖原来的文档，只能另外起名字保存或存放到其他的位置。

（2）加密保存文档

方法 1：选择文件菜单→另存为命令，单击"另存为"对话框中的"工具"按钮→常规选项，打开"保存选项"对话框，如图 1.3 所示。输入密码后单击确定，其他操作与保存一般的文档相同。

方法 2：选择工具菜单→选项命令，在"选项"对话框中选择"安全性"选项卡，设置密码的操作同方法 1。设置密码后再保存，文档密码才起作用。

当再次打开有密码的文档时，系统要求先输入密码。密码输入正确后，可以再用上述方法去除密码。

图 1.3　"保存选项"对话框

1.2　数据类型与数据输入

1.2.1　数值型数据与输入

1．数值型数据

数值型数据一般由数字、正负号、小数点、¥、\$、%、/、E（或 e）、AM、PM 组成。数值型数据的特点是可以进行算术运算。数值型数据有以下 3 种常用格式。

（1）常规格式：100，0.001，-1234.5。

（2）科学记数格式：〈整数或实数〉e〈整数〉或者〈整数或实数〉E〈整数〉

例如输入：12.34E5 等价 $12.34*10^5$，即 1234000。

　　　　输入：12 E-3 等价 $12*10^{-3}$，即 0.012。

（3）日期和时间格式：10/01/2006，3:32:09 AM。

在 Excel 中，日期和时间均按数值型数据处理，因为 Excel 将日期存储为数字序列号，而时间存储为小数（时间被看作"一天"的一部分）。

2．输入数值型数据

在默认情况下，数值型数据在单元格中右对齐，有效数字为 15 位（非 0 数字）。如果单元格中数字、日期或时间被"######"代替，说明单元格的宽度不够，增加单元格的宽度即可。

在单元格中输入分数的方法是：先输入零和空格，然后再输入分数。

表 1.1 所示为输入数据的格式及在编辑栏和单元格中的显示效果。

表 1.1　　　　　　　　　　　　　　　　　　　输入数据

输入数据	格　式	编辑栏显示	单元格显示	说　　明
12345678901234567	默认常规	12345678901234500	1.23457E+16	有效位为 15 位
0 3/2	默认分数	1.5	1 1/2	
−0 7/3	默认分数	−2.33333333333333	−2 1/3	
0 −7/3	默认日期	2000/7/3	2000/7/3	或者 2000-7-3
2.5e3	默认科学记数	2500	2.50E+03	
123e2	默认科学记数	12300	1.23E+04	
12e-4	默认科学记数	0.0012	1.20E-03	

3．输入常用的货币符号

如果输入货币符号，可以选择 插入 菜单→ 符号 命令，在"符号"选项卡的"子集"列表中选择"货币符号"，然后选择一个货币符号，单击 插入 按钮即可。插入货币符号还可以用表 1.2 中的输入方法。

表 1.2　　　　　　　　　　　　　　常用的货币符号

输 入 状 态	输 入 方 法	输 入 符 号	含　　义
在英文输入状态下	按$键（Shift 键+4 键）	$	美元货币符号 USD
在中文输入状态下	按$键（Shift 键+4 键）	￥	中文货币符号 CNY
小键盘在数字输入状态	按 Alt 键的同时键入 0165	¥	日圆货币符号 JPY
小键盘在数字输入状态	按 Alt 键的同时键入 0128	€	欧元货币符号 EUR
小键盘在数字输入状态	按 Alt 键的同时键入 0163	£	英镑货币符号 GBP
小键盘在数字输入状态	按 Alt 键的同时键入 0162	¢	分币字符

1.2.2　日期格式与输入

日期和时间都是数值型数据，可以显示为数值格式或日期格式。

1．日期和时间的格式

（1）日期格式与输入

日期的分隔符有"/"、"-"、"."3 种，在输入日期时可以选择其中之一，但是显示的格式由当前系统的默认显示格式决定。

例如输入：2006/10/1，Excel 默认的"常规"日期显示格式有：

2006/10/1　　或者　　2006-10-1　　或者　　2006.10.1

更改默认的日期显示格式，见下面"更改日期的默认格式"介绍。

如果输入：2006/10/1，希望显示：

2006 年 10 月 1 日　　或者　　1－Oct－06　　或者　二零零六年十月一日

见第 4 章相关内容的介绍。

（2）时间格式与输入

表示时间的小时、分、秒之间用"："分隔，格式为"小时：分：秒"。

如果在单元格中同时输入日期和时间，先输入时间或者先输入日期均可，中间要用空格分开。

如果输入时间"2：30：10"系统默认为是上午，等价"2：30：10 AM"。如果在时间后面加一个空格后输入"PM"或"P"，系统认为是下午，也可以采用 24 小时制表示。更改系统默认的时间格式，选择图 1.4 中的"时间"选项卡。表 1.3 所示为常用的输入日期和时间的格式以及显示格式。

提示：如果仅仅改变某些单元格中时间的显示格式，见第 4 章相关内容的介绍。

表 1.3　　　　　　　　　　　　　　输入日期和时间

输 入 数 据	格　　式	单元格显示	编辑栏显示	说　　明
3/2	默认日期	3 月 2 日	2006-3-2	或者 2006/3/2
2006/10/1	默认日期	2006-10-1	2006-10-1	或者 2006/10/1
2006-10-1	默认日期	2006-10-1	2006-10-1	或者 2006/10/1

续表

输 入 数 据	格　式	单元格显示	编辑栏显示	说　明
1：50 P	默认时间	1：50 PM	13：50：00	
1：50	默认时间	1：50	1：50：00	

2．1900 与 1904 日期系统

在默认情况下，Excel 是 1900 日期系统。约定 1900 年 1 月 1 日是数字序列号 1（第 1 天）。例如 2006 年 10 月 1 日是数字序列号 38991，即从 1900 年 1 月 1 日算起，2006 年 10 月 1 日是第 38991 天。除了默认的 1900 日期系统外，在 Excel 中还可以选择 1904 年日期系统。若采用 1904 年日期系统后，1904 年 1 月 1 日的数字序列号为 1。更改日期系统的方法是：选择 工具 菜单→ 选项 命令，在"重新计算"选项卡选中或清除"1904 年日期系统"复选框。

3．有关输入年份的特殊约定

（1）省略输入年份

如果没有输入年份，只输入月和日，Excel 认为是当前计算机系统的年份。

（2）输入两位数字的年份

Excel 对输入两位数字年份有特殊的约定。因此为了保证准确性，应尽可能输入四位数字的年份。当然，为了简便输入，可以采取输入两位数字的年份。在默认情况下 Excel 可能按以下方法解释两位数字的年份：

00 到 29 为 2000 年到 2029 年；

30 到 99 为 1930 年到 1999 年。

当然，可以用下面介绍的方法改变这个默认的两位数字年份。

4．更改日期的默认格式

无论更改日期的显示格式，还是更改默认的两位数字的年份，都可以按以下步骤操作。

① 单击 开始 菜单→ 设置 → 控制面板 ，选择"区域和语言选项"。

② 单击"区域选项"选项卡，选择"中国"，再单击 自定义 按钮，弹出对话框如图 1.4 所示。

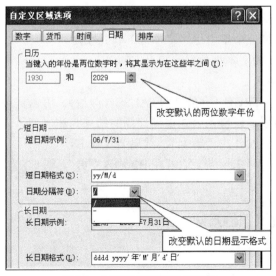

图 1.4　"自定义区域选项"对话框

③ 在"日期"选项卡中，可以改变默认的两位数字年份，也可以更改默认日期格式的分隔符为"/"、"-"或者"."。

在图 1.4 中，还可以改变货币、时间、数字和排序的默认格式。

5．输入当前的日期和时间

- 输入当前计算机系统的日期：同时按 Ctrl + ; 键。
- 输入当前计算机系统的时间：同时按 Shift + Ctrl + ; 键。
- 输入当前计算机系统的日期和时间：同时按 Ctrl + ; 键，然后按空格键，最后按 Shift + Ctrl + ; 键。

用上述方法输入的日期和时间是固定值，不会随着计算机系统的日期变化而改变。若希望输入的日期和时间能随着计算机系统的日期和时间自动更新，可以用 TODAY 或 NOW 函数完成（见第 7 章）。

1.2.3　文本型、逻辑型数据与输入

1．文本型数据与输入

文本型数据由汉字、字符串或数字串组成。文本型数据的特点是可以进行字符串运算，不能进行算术运算（除数字串以外）。

如果在单元格中输入 A10、100 件、职员、12A 等，都认为是文本型的数据。

在默认情况下，输入的文本型数据在单元格中左对齐。输入文本型数据，一般不需要输入定界符双引号或单引号。如果输入的内容有数字和文字（或字符），系统则认为是文本型数据。例如输入"100 元"，系统认为是文本型数据，不能参加数值计算。如果希望输入"100"，能自动显示为"100 元"，并且"100 元"还能参加计算，只需要改变数据的显示格式即可，见第 4 章相关内容的介绍。

若文本型的数据出现在公式中，文本型数据要用英文的双引号括起来（用中文的双引号会出错的）。

2．输入数字串

如果输入职工号、邮政编码、产品代号等不需要计算的数字编号，可以输入为文本型数据。只需在数字串前面加一个单引号"'"（英文单引号）。

例如输入：'010013 为文本型数据，自动左对齐。

3．逻辑型数据与输入

逻辑型数据有两个，TRUE（真值）和 FALSE（假值）。可以直接在单元格中输入逻辑值 TRUE 或 FALSE，也可以通过输入公式得到计算的结果为逻辑值。

例如在某个单元格输入公式"=3<4"，结果为 TRUE。

例如在 C2 输入公式"=B2="男""，若在 B2 输入"男"，则 C2 为 TRUE，否则为 FALSE。注意要用英文的双引号！

1.2.4　输入大批数据的方法

1．输入大批量数据

① 选择下列方法之一输入数据：

方法 1：双击单元格，直接在单元格中输入。

方法 2：单击单元格，在"编辑栏"输入数据。

② 确定下一个数据的单元格，选择下列方法之一：

● 从上向下输入：按 Enter 键或者 ↓ 键。

● 从左向右输入：按 Tab 键或者 → 键。

如果希望单击 Enter 键也能从左向右输入，则选择工具菜单→选项命令，在"编辑"选项卡中选择"按 Enter 键后移方向"后面的选项确定为"向右"即可。

2．确认/放弃输入

● 确认输入：单击"编辑栏"上的 √ 按钮。

● 放弃输入：单击"编辑栏"上的 × 按钮或按 Esc 键。

● 撤消操作：单击"常用"工具栏中的"撤消"按钮 。

3．在一个单元格区域输入相同的内容

如果要在一个单元格区域的每一个单元格输入相同的内容，操作步骤如下。

① 选定单元格区域。

② 输入内容，同时按 Ctrl+Enter 键。

你可以试一下，选定 A1:C5，输入"1"，同时按 Ctrl+Enter 键，会在 A1:C5 区域输入 15 个 1。

1.2.5　在单元格内输入/显示多行文本

如果在当前的单元格输入的内容过长，超出单元格的宽度，会出现以下两种情况之一。

● 如果相邻的右侧单元格没有数据，超出单元格宽度的内容会自动向右延伸显示，占用右边相邻单元格的位置显示超出的部分。

● 如果相邻的右侧单元格有数据，超出单元格宽度的内容会被隐藏，只能在编辑栏看到单元格的全部内容。

要解决在单元格内显示全部的内容的方法如下。

● "自动换行"或"强制换行"使单元格显示多行文本。

● 与右侧的单元格合并（见第 4 章）。

● 加宽单元格的宽度（向右拖曳列"分隔线"，见第 4 章）。

1．显示多行文本（自动换行）

将一组单元格设置为"自动换行"显示方式的操作步骤如下。

① 选定单元格或区域。

② 选择格式菜单→单元格命令，在"单元格格式"对话框的"对齐"选项卡选中"自动换行"→确定即可。

说明：第 9 章将介绍用"宏"来制作一个"多行显示"功能的按钮。若选定单元格区域后单击该按钮，便可以将选定的每一个单元格设置为"自动换行"格式。

2．显示/输入多行文本（强制换行）

强制换行的操作是：在向单元格中输入文本时，将光标定位到要分行的位置，按 Alt 键的同时按回车键。如果一个单元格的内容要分为多行显示，再将光标定位到要分行的位置，

按 Alt 键的同时按回车键，反复执行即可。

1.3　选定/修改/删除

1.3.1　选定行/列/单元格

1．选定一个单元格区

方法 1：鼠标单击准备选定的区域的左上角单元格，然后按住鼠标左键向区域的右下角拖曳鼠标。

方法 2：鼠标单击要选定的区域的左上角单元格，然后将鼠标指针移动到要选定的区域的右下角单元格，按住 Shift 键的同时单击鼠标。

方法 3：在"名称框"输入要选定的单元格区域或区域名称，然后按回车键。例如在"名称框"输入 A1:C5 后按回车键，可选定 A1:C5。

选定单元格区域后，选定区的左上角的第一个单元格正常显示，并且该单元格为活动单元格，其余单元格反显。

2．选定不相邻的多个单元格区

选定一个单元格区，按 Ctrl 键的同时选定另一个单元格区即可。

3．选定行/列

（1）选定一行或一列：单击要选定的"行号"或"列标"按钮。

（2）选定相邻的多行/列：单击要选定的"行号"/"列标"按钮，沿"行"/"列"方向拖曳鼠标。

（3）选定不相邻的多行/列：操作同（2），只是拖曳鼠标的同时按 Ctrl 键。

4．全选

选定工作表的所有单元格：单击"全选"按钮（见图 1.1 单元格区域左上角）。

5．取消选定的区域

鼠标单击任意一个单元格或按任意一个移动光标键。

1.3.2　修改、删除数据

1．修改数据

方法1：单击单元格，再单击"编辑栏"，在"编辑栏"修改数据。

方法2：双击单元格，直接在单元格修改数据。

2．删除数据

单元格中存放的信息包括数据、格式和批注。

（1）清除单元格数据

选定单元格（区域），选定下列方法之一，清除数据内容，不清除格式和批注：

● 按 Delete 键；

● 单击 编辑 菜单→ 清除 → 内容 ；

● 鼠标指针指向选定区，单击鼠标右键，选择 清除内容 。

（2）清除单元格的内容、格式或批注

选定单元格（区域），单击 编辑 菜单→ 清除 ，若选择 全部 ，则清除内容、格式和批注。

1.4　输入序列与自定义序列

1.4.1　自动填充序列

Excel 提供了自动填充等差数列和等比数列的功能。例如，在连续的多个单元格输入一组编号是连续的数字序列 101，102，103，…，可以用"填充柄"自动填充或用菜单命令完成。

1．用"填充柄"填充（复制）数据序列

用手动的方法自动填充等差序列，要求在序列开始处的两个相邻的单元格中输入序列的第一个和第二个数值如图 1.5 A1 和 A2 单元格所示，然后选定这两个单元格，再将鼠标指针指向"填充柄"，拖曳鼠标实现"填充序列"。

2．用菜单命令填充等差或等比序列

用菜单命令填充，要求在序列开始处的一个单元格输入序列的第一个值，然后选定这个单元格或一组单元格，再执行菜单命令。相关操作见下面的"例 1 的方法 3"。

3．自动填充文字序列

在 Excel 内部已经定义了一些常用的文本序列，例如"星期"、"月份"和"季度"等序列。在图 1.8 所示的对话框中"自定义序列"选项卡左侧的"自定义序列"列表中列出了所有文字型的序列，若希望输入其中的某个序列，只需要在单元格中输入序列中的一项，然后通过用"填充柄"实现输入序列中的其他项。

4．举例

【例 1】 在"列向"相邻的单元格自动填充等差序列 1，2，3，4，5（见图 1.5）。

方法 1：用"填充柄"填充等差序列。

① 在 A1 和 A2 单元格分别输入数字"1"和"2"。

② 选定 A1 和 A2 两个单元格。

③ 将鼠标指针指向选定区右下角"填充柄"处，当鼠标指针变成实心的"+"形状，按住鼠标左键向下拖曳鼠标（见图 1.5）。

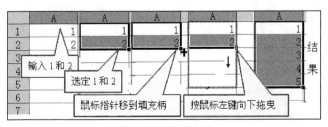

图 1.5　自动填充序列

如果在"横向"的相邻单元格填充序列，与"列向"的操作一样，只是第二个数据存放在水平方向相邻的第二个单元格，鼠标向左或右拖曳"填充柄"。

方法2：如果数据序列的差距是"1"，可以用下列更简便的方法。

① 输入数字"1"，选定"1"所在的单元格。

② 鼠标指针指向"1"所在单元格的"填充柄"处，当鼠标指针变成实心"+"形状时，按 Ctrl 键的同时向下拖曳鼠标。

方法3：用菜单命令填充等差或等比数字序列。

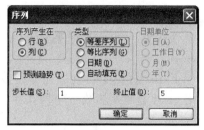

① 输入"1"，选定"1"所在的单元格，或选定包含"1"的若干个列向的单元格。

② 单击 编辑 菜单→ 填充 → 序列 ，在"序列"对话框选中"列"。

③ 选中"等差序列"，"步长值"输入"1"，"终止值"输入"5"（见图1.6）→ 确定 。

图1.6　"序列"对话框

【例2】　在A列～D列填充等差或等比数列，如图1.7所示。

① 填充A列数据与例1中的方法1一样，只是在A2和A3分别输入101，102。

② 填充B列数据与①一样，只是在B2和B3分别输入：'00101，'00102。

③ 填充C列数据与①一样，只是在C2和C3分别输入：'00001，'00003。

④ 在D2输入"3"，选定包括"3"在内的相邻的若干个单元格（见图1.7选定包含"3"在内的D2～D8共7个单元格），单击 编辑 菜单→ 填充 → 序列 ，选中"等比序列"，"步长值"输入"2"→ 确定 。

	A	B	C	D	E	F	G	H	I
1	等差数列			等比数列	文本序列				自定义序列
2	101	00101	00001	3	1月	一月	第一季	星期一	北京公司
3	102	00102	00003	6	2月	二月	第二季	星期二	上海公司
4	103	00103	00005	12	3月	三月	第三季	星期三	广州公司
5	104	00104	00007	24	4月	四月	第四季	星期四	天津公司
6	105	00105	00009	48	5月	五月		星期五	
7	106	00106	00011	96	6月	六月		星期六	
8	107	00107	00013	192	7月	七月		星期日	

图1.7　自动填充序列

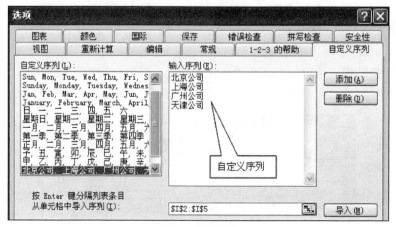

图1.8　自定义序列

【例 3】　自动填充文本序列"星期一、星期二……星期日"（见图 1.7 的 H 列）。

① 在 H2 单元格输入"星期一"。

② 选定"星期一"所在的单元格，鼠标指针指向"填充柄"，向下拖曳鼠标。

1.4.2　自定义序列

如果经常输入某个特定的序列，并且该序列又不在 Excel 自定义序列的列表中，则可以定义该序列到 Excel 自定义序列的列表中，今后使用时输入序列中的一项，其他项的输入可以拖曳"填充柄"完成。

【例 4】　自定义序列"北京公司、上海公司、广州公司和天津公司"。

方法 1：

① 在相邻单元格输入序列"北京公司、上海公司、广州公司和天津公司"（见图 1.7 的 I2:I5 单元格）。

② 选定序列（例如选定 I2:I5 单元格区域）。

③ 单击 工具 菜单→ 选项 ，选中"自定义序列"选项卡，单击 导入 → 确定 。

方法 2：

① 单击 工具 菜单→ 选项 ，在"自定义序列"选项卡的"自定义序列"列表中选中"新序列"。

② 在右侧输入序列：北京公司、上海公司、广州公司和天津公司（用英文逗号或回车符分隔）。单击 添加 。

1.5　复制/移动/插入/删除

1.5.1　复制/移动与转置

在下面介绍的操作中，复制和移动包括数据内容、格式和批注（除了"选择性"复制操作以外）。

在一般情况下复制或移动数据，会覆盖目标位置的数据。如果要保留目标位置的数据，可以用"移动插入"或"复制插入"的方法。

1．用鼠标移动/复制数据

（1）移动数据

选定单元格区域，将鼠标指针指向选定区的边框上，当指针变成十字箭头"✛"形状时，按住鼠标左键拖曳鼠标到目标位置，为移动数据。

（2）复制数据

与上述移动数据的操作基本一样，只是拖曳鼠标的同时按住 Ctrl 键到目标位置，先松开鼠标，后松开 Ctrl 键。

2．用剪贴板移动/复制数据

（1）移动数据

选定单元格区域→ 剪切 ，单击目标位置→ 粘贴 或按回车键。

（2）复制数据

方法 1：

选定单元格区域，单击"复制"按钮🖺，再单击目标位置，按回车键（只能复制一次）。

方法 2：

① 选定单元格区域，单击"复制"按钮🖺。

② 单击目标位置，再单击"粘贴"按钮🖺。反复执行此操作，可复制多次。

说明：按 Esc 键或单击"编辑栏"，可去除选定区的虚框，但是不能再"粘贴"了。

方法 3：

将选定的内容同时复制到表中的多个位置。

① 选定单元格区域，单击"复制"按钮🖺。

② 按 Ctrl 键的同时单击要复制到的目标位置。反复执行此步骤。

③ 单击"粘贴"按钮🖺，实现将剪贴板的内容复制到第②步所单击的位置。

用这种方法特别适合输入重复性的数据，例如输入"职务"时，有多个单元格要输入"科员"，只需要在一个单元格输入"科员"后，执行步骤①，然后按 Ctrl 键的同时依次单击要输入"科员"的单元格，最后单击"粘贴"按钮🖺。

方法 4：

Office 2003 提供的 24 个"剪贴板"是 Office 办公软件的公共区域，用于在不同的应用程序或同一个应用程序中同时传输多组数据。若 Office 任务窗格没有打开，只能使用一个"剪贴板"。

（1）打开 Office 任务窗格：单击 编辑 菜单→ Office 剪贴板 ，会在右侧显示 Office 任务窗格。

（2）关闭 Office 任务窗格：单击任务窗格右上角的"×"按钮关闭 Office 任务窗格。

打开 Office 任务窗格后，每次"复制"或"剪切"的内容会放在不同的剪贴板。当需要将剪贴板的内容"粘贴"到文档中时，单击目标位置，再单击 Office 任务窗格中要粘贴的项。若单击"全部粘贴"按钮，会按原来复制或剪切到剪贴板时的顺序，依次将所有剪贴板的内容复制到当前位置。

3．用"填充柄"复制数据

鼠标指针指向选定单元格区域"填充柄"处，当鼠标指针变成实心的"十"形状时，按住鼠标左键向上、下、左、右拖曳鼠标指针，实现将选定的单元格内容复制到相邻的单元格。

"填充柄"主要功能如下。

（1）如果选定区域的数据是等差序列（两个或两个以上的单元格区域），则"填充柄"继续填充等差数列。

（2）如果选定区域的数据是"自定义序列"中的一项或多项，则"填充柄"继续填充"自定义序列"。

（3）如果按 Ctrl 键的同时拖曳"填充柄"，复制等差为"1"的数字序列。

（4）如果选定的单元格存放的既不是等差序列，也不是自定义序列表中的项，拖曳"填充柄"复制选定的内容到相邻的单元格。例如，选定的区域存放的是"1"，拖曳"填充柄"向相邻单元格复制"1"。

有关用"填充柄"复制公式的介绍见第 2 章。

4．"选择性"复制数据

在复制数据时，可以有选择性地复制单元格的全部信息或一部分信息到目标位置。

① 选定要复制的单元格区域，单击"复制"按钮▣▣。

② 单击要复制到的目标位置，再单击 编辑 菜单→ 选择性粘贴 ，选择以下常用的选项：

● 全部：包括单元格数据内容、格式和批注（等价 编辑 菜单→ 粘贴 ）。

● 格式：只复制格式，不复制数据内容。

● 内容：只复制内容，不复制格式。

● 值和数字格式：复制数据内容和格式。

有关公式的选择性复制见第 2 章的介绍。

5．转置

转置是指将选定区域的行转为列，或列转为行。转置除了用以下介绍的方法外，还可以用 TRANSPOSE 函数来实现（见第 7 章）。

操作步骤如下。

① 选定需要转换的单元格区域（例如选定图 1.9 中的 A1:C7 单元格区域）。

② 单击"复制"按钮。

③ 单击空白区域的左上角单元格（例如单击图 1.9 中的 E3 单元格）。

④ 单击"粘贴"按钮▦▾右侧的箭头，在弹出菜单中选择"转置"（结果见图 1.9 中 E3:K5）。

	A	B	C	D	E	F	G	H	I	J	K
1	编号	基本工资	奖金								
2	001	2000	800								
3	002	1500	2800		编号	001	002	003	004	005	006
4	003	3000	400		基本	2000	1500	3000	2000	700	1500
5	004	2000	2400		奖金	800	2800	400	2400	400	2000
6	005	700	400								
7	006	1500	2000								

图 1.9　转置

1.5.2　移动插入/复制插入/交换数据

在执行"移动"和"复制"操作时，如果目标位置有数据内容，则会覆盖目标单元格区域的内容。而"移动插入"和"复制插入"是将源单元格区域的内容"移动"或"复制"到目标位置，同时目标单元格区域原有的内容将"下移"或"右移"（不覆盖目标位置的数据）。移动插入还可以实现两个相邻区域的内容交换。

① 选定要移动、复制或交换的单元格区域。

② 鼠标指针指向选定区的边框，当指针变成十字箭头"✛"形状时，选择下列操作之一。

● 移动插入：按 Shift 键的同时拖曳鼠标到目标位置，在鼠标指针的前面会看到有一个与选定区域等高的"I"（或等宽的"⊢"）形状，先松开鼠标后松开 Shift 键，插入选定的内容，且目标位置的内容右移（或下移）。

● 复制插入：与"移动插入"操作基本一样，只是拖曳鼠标的同时按 Ctrl 键和 Shift 键。

● 交换数据：如果是相邻的两行或两列数据做"移动插入"操作，可实现相邻的两行或两列的数据交换。

1.5.3　插入行/列/单元格

1．插入行/列

① 选定行、列或单元格（选定数量与将要插入的数量是等同的）。

② 单击 插入 菜单→选择 行 或 列 命令，则在选定的行上面或列左侧插入与选定等数量的行/列。

2．插入单元格

① 选定单元格区域（选定数量与将要插入的数量是等同的）。

② 选择 插入 菜单→ 单元格 命令，弹出"插入"对话框，如图 1.10（a）所示（其中活动单元格指的是选定的单元格区域），选择下列选项之一。

● 活动单元格右移：新插入的单元格区域出现在选定区，选定的单元格区域向右移。

● 活动单元格下移：新插入的单元格区域出现在选定区，选定的单元格区域向下移。

1.5.4　删除行/列/单元格

① 选定行、列或单元格（选定数量与将要删除的数量是等同的）。

② 单击 编辑 菜单→ 删除… 命令，弹出"删除"对话框，如图 1.10（b）所示，选择下列选项之一。

● 右侧单元格左移：删除单元格后，右边的单元格（如果有的话）向左移补充。

● 下方单元格上移：删除单元格后，下面的单元格（如果有的话）向上移补充。

● 整行：删除选定的行后，下面的行上移。

● 整列：删除选定的列后，右侧的列左移。

（a）"插入"对话框　　　　　　　（b）"删除"对话框

图 1.10　"插入"和"删除"对话框

1.6　命名行/列/单元格区域

如果对一个单元格区域命名后，今后要引用这个区域，可以用名字来代替。对一个区域命名的好处是：

（1）通过名字引用单元格区域，要比用地址引用更加直观；

（2）通过名字可快速选定单元格区域，尤其当单元格区域非常大时，用名字选定区域更加方便。

例如，若要对一个很大的数据表区域做多种操作，每个操作都需要选定这个数据区域是很麻烦的。若对这个区域命名了，在名称框输入区域的名字，可快速选定命名的区域；也可以在公式中输入区域的名字代替区域的地址。

1．单元格区域命名

方法 1：选定单元格区域→在"名称框"内输入名字后，按回车键。

方法 2：选定单元格区域，单击 插入 菜单→ 名称 → 定义 →在文本框输入名字→ 添加 。

2．为选定区域的行/列命名

Excel 提供了快速为数据表的行或列命名的方法，行的名称用该行第一列的文字命名，列的名称用该列的第一行的文字命名。

① 选定数据表区域（包括表头）。

② 单击 插入 菜单→ 名称 → 指定 →选中名称创建于"首行"或"最左列"。

3．命名的应用

【例 1】 为图 1.11 中"职工情况简表"命名。

方法 1：选定 A2:G17，在名称框输入名字"职工表"，按回车键即可。

方法 2：选定 A2:G17，单击 插入 菜单→ 名称 → 定义 ，输入"职工表"→ 添加 → 确定 。

如果在"名称框"选择"职工表"，便可快速选定 A2:G17。

【例 2】 为图 1.11 中"职工情况简表"的每一列命名，在计算"平均年龄"时引用名字。

	A	B	C	D	E	F	G
1			职 工 情 况 简 表				
2	编号	性别	年龄	学历	科室	职务等级	工资
3	10001	女	45	本科	科室2	正处级	2300
4	10002	女	42	中专	科室1	科员	1800
5	10003	男	29	博士	科室1	正处级	1600
6	10004	女	40	博士	科室1	副局级	2400
7	10005	男	55	本科	科室2	副局级	2500
8	10006	男	35	硕士	科室3	正处级	2100
9	10007	男	23	本科	科室2	科员	1500
10	10008	男	36	大专	科室1	科员	1700
11	10009	男	50	硕士	科室1	正局级	2800
12	10010	女	27	中专	科室3	科员	1400
13	10011	男	22	大专	科室1	科员	1300
14	10012	女	35	博士	科室2	副处级	1800
15	10013	女	32	本科	科室1	副处级	1800
16	10014	女	30	硕士	科室2	科员	1500
17	10015	女	25	本科	科室3	科员	1600

图 1.11　职工情况简表

① 为"职工情况表"的每一列命名。

选定 A2:G17，单击 插入 菜单→ 名称 → 指定 →选中名称创建于"首行"。

执行以上操作后，第一列的名字是"编号"，第二列的名字是"性别"……如果在"名称框"选择名字，则自动选定名字对应的列。

② 为"列"命名后，计算平均年龄用以下两种方法是等价：

方法 1：=AVERAGE(C3:C17)

方法 2：=AVERAGE(年龄)

很明显，在方法 2 中公式引用的"年龄"更直观。

1.7　批　　注

"批注"是为单元格加注释。一个单元格添加了批注后，会在单元格的右上角出现一个三角标识，当鼠标指针指向这个标识的时候，显示批注信息。

1．添加批注

① 单击要添加批注的单元格。

② 单击 插入 菜单→ 批注 （或者鼠标右击单元格→ 插入批注 ）。

③ 在弹出的批注框中输入批注文字。如果不想在批注中留有姓名，可删除姓名。

完成输入后，单击批注框外部的工作表区域即可退出。

2．编辑/删除批注

鼠标右击有批注的单元格，选择 编辑批注 或 删除批注 。

习　　题

一、选择题

1．Excel 工作簿文件的扩展名约定为（　　　）。

　　A）.dox　　　　　　　B）.txt　　　　　　　　C）.xls　　　　　　　　D）.xlt

2．在 Excel 中，一个工作簿最多可以有（　　　）。

　　A）1 个工作表　　　　　　　　　　　　B）3 个工作表

　　C）255 个工作表　　　　　　　　　　　D）大于 255 个工作表

3．在 Excel 工作表中，如果没有预先设定工作表的对齐方式，系统默认数值型数据的对齐方式是（　　　）。

　　A）左对齐　　　　　　B）中对齐　　　　　　C）右对齐　　　　　D）不确定

4．在 Excel 中，按 Delete 键，能实现的操作是（　　　）。

　　A）清除选定单元格的数据内容

　　B）清除选定单元格的数据内容，同时清除单元格的格式

　　C）清除选定单元格的数据内容、格式和批注

　　D）清除选定单元格的数据内容，后面单元格的内容替代当前单元格的内容

5．Excel 的主要功能是（　　　）。

　　A）表格处理、数据库管理和图表处理　　　　B）表格处理、网络通信和图表处理

　　C）表格处理、文字处理和文件管理　　　　　D）表格处理、数据库管理和网络通信

6．在 Excel 中可以选择单元格或单元格区域，其中活动单元格的数目是（　　　）。

　　A）1 个单元格　　　　　　　　　　　　B）1 行单元格

　　C）1 列单元格　　　　　　　　　　　　D）等于被选中的单元格个数

7．在 Excel 中，如果在单元格中键入较长内容，并希望在该单元格的文字能自动换行显示，可先选定该单元格，然后（　　　）即可实现。

A）用鼠标拖曳缩小该单元格的宽度

B）在该单元格中键入回车

C）单击 格式 菜单→ 单元格 ，在"对齐"选项卡选中"自动换行"

D）用鼠标拖曳增大该单元格的高度

8．在 Excel 中，如果某个单元格不能正确显示计算结果，而是显示一行与单元格等宽的 "#" 时，说明（　　）。

A）计算公式不符合 Excel 的书写格式

B）单元格的宽度不够

C）计算结果超出 Excel 所能表示的范围

D）单元格中含有 Excel 不认识的字符

9．Excel 工作表由（　　）组成。

A）25 行 80 列　　　　　　　　　　　　B）16384 行 256 列

C）65536 行 IV 列　　　　　　　　　　D）65536 行 256 列

10．在 Excel 中，如果关系运算的结果是"真"值，用（　　）来表示逻辑值。

A）1　　　　　　B）Y　　　　　　C）YES　　　　　　D）TRUE

11．在 Excel 中，单元格区域 C5:F6 所包含的单元格的个数是（　　）。

A）5　　　　　　B）6　　　　　　C）7　　　　　　D）8

12．在向 Excel 单元格中输入内容时，编辑栏上"√"按钮的作用是（　　）。

A）取消输入　　　B）确认输入　　　C）函数向导　　　D）拼写检查

13．在 Excel 中，若 C2 单元格没有设置格式，向 C2 输入"01/2/4"，则 C2 可能显示（　　）。

A）1/8　　　　　　B）0.125　　　　　C）2001-2-4　　　　D）1/2/4

14．在 Excel 的某单元格内输入文本型数字串"1234"，正确的输入方式是（　　）。

A）1234　　　　　B）'1234　　　　　C）=1234　　　　　D）"1234"

15．在 Excel 中表示两个不相邻的单元格地址之间的分隔符号是（　　）。

A）逗号　　　　　B）分号　　　　　C）空格　　　　　D）冒号

16．在 Excel 中，若在单元格内输入当前日期，可以按 Ctrl 键的同时按(　　)。

A）"；"键　　　　B）"："键　　　　C）"/"键　　　　D）"-"键

17．在 Excel 中，单元格区域"C2:D3，E4"表示引用的是（　　）。

A）C2，D3，E4 三个单元格

B）C2，D3，D4，E4 四个单元格

C）C2，C3，D2，D3，E4 五个单元格

D）C2，C3，C4，D1，D2，D3，D4 六个单元格

18．在 Excel 中，单元格区域的"填充柄"，位于（　　）。

A）菜单栏

B）"常用"工具栏

C）选定的单元格区域右下角

D）选定的单元格区域的每个单元格的右下角

19．在 Excel 中，若选定单元格区域后，单击 编辑 菜单→ 删除 → 整行 ，表示删除的是（　　）。

　　　A）被选定单元格区域的第一行　　　　　B）被选定单元格所在的行

　　　C）被选定单元格区域的最后一行　　　　D）被选定单元格区域

20．在 Excel 中，向当前单元格输入文本型数据时，默认为（　　　）。

　　　A）居中　　　　　　B）左对齐　　　　　　C）右对齐　　　　　　D）两端对齐

二、思考题

1．一个 Excel 文件能包含多个工作簿吗？工作簿与工作表的关系如何？

2．在 Excel 中，"编辑"菜单中的"清除"和"删除"相同吗？为什么？

3．简述"移动"/"复制"与"移动插入"/"复制插入"的相同之处与不同之处。

第 2 章　公式、常用函数与地址引用

2.1　简　单　计　算

1. "自动求和"按钮 Σ

在 Excel 中，单击"常用"工具栏上"自动求和"按钮 Σ 可快速计算一组数据的累加和、平均值、个数、最大值、最小值等。单击 Σ 按钮默认求累加和，单击该按钮右侧的向下箭头，在弹出菜单（见图 2.1（c））中可以选择其他的计算。

例如在图 2.1（a）中已经输入"基本工资"和"奖金"，计算"实发工资"（实发工资=基本工资+奖金）和"平均值"最简便的操作是：

（1）选定 B2:D10（见图 2.1（a）），单击"自动求和"按钮 Σ （默认求和），得到 D2:D10 的计算结果（见图 2.1（b）中的 D 列）；

（2）选定 B2:D11（见图 2.1（b）），单击"自动求和"按钮 Σ 右侧向下箭头，选择"平均值"，得到 B11:D11 的计算结果（见图 2.1（b）中的第 11 行）。

如果单击计算结果单元格区域 D2~D10 或 B11~D11 中的任意一个单元格，则在"编辑栏"看到单元格中存放的不是结果数据，而是计算公式。存放公式的好处是，若修改了计算区域中的数据，公式的计算结果会自动更新。你可以试一下改变图 2.1 中某个人的基本工资，会看到他的实发工资，同时自动更新计算的结果。

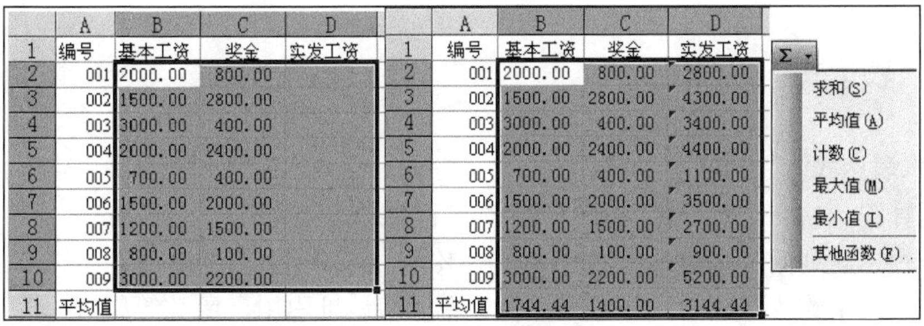

图 2.1　"自动求和"按钮 Σ 的应用

2. 简单计算

Excel 还提供了另一种简便计算数据的累加和、平均值、最大值、最小值和统计个数的方法。计算的结果不出现在表格中，而是出现在"状态栏"。

（1）选定要计算的数据（例如选定图 2.2 的 C2:C10 单元格区域）。

（2）在状态栏上单击鼠标右键，弹出快捷菜单（见图 2.2），选择其中之一，在状态栏显

示计算结果。快捷菜单中命令的含义如下。

- 无：不计算。
- 平均值：计算选定区域中数据的平均值。
- 计数：统计选定区域中非空单元格的个数。
- 计数值：统计选定区域中数值型数据的个数。
- 最大值：统计选定区中的最大值。
- 最小值：统计选定区中的最小值。
- 求和：统计选定区中的算术累加和。

图 2.2　简单计算

2.2　表达式与公式

Excel 最强大的功能就是可以使用公式对表中的数据进行各种计算，如算术运算、关系运算和字符串运算等。公式的一般格式为：

=<表达式>

2.2.1　表达式

1．算术表达式

算术运算符：+、−、*、/、^（乘方）、%（百分号）。

优先级别由高到低依次为：（ ）→函数→%→^乘方→*, /→+, -。

算术表达式由数值型数据、算术运算符、单元格地址引用、函数等组成。

2．关系表达式

关系运算符：=、>、<、>=（大于等于）、<=（小于等于）、<>（不等）。

关系表达式是由〈算术表达式〉和〈关系运算符〉组成的有意义的式子。关系表达式的结果是逻辑值 TRUE 或 FALSE（见图 2.3 的第 12 行和第 13 行）。

在 Excel 中，没有逻辑运算符，逻辑表达式包括关系表达式和逻辑函数。

3．字符串表达式

文本运算符：&（文本连接），用于将两个字符串连接（见图 2.3 第 8 行～第 11 行）。

4．一般的公式计算举例

在第 1 章已经介绍了数字串是文本型数据，数字串既可以参加字符串运算，也可以参加数值运算。

例如，在图 2.3 中 A 列输入公式，B 列为公式的显示结果，C 列是运算的结果类型，D 列是需要注意的事项。从图 2.3 所示的例子中可以观察到以下几点。

（1）A4 和 A5 中的公式包含数字串和数值，其中数字串等价数值，可以参加算术计算，计算结果为数值型。

（2）A6 和 A7 中的公式包含数字串和字符串，不能参加算术计算。结果为错误信息。

（3）A9 和 A10 中的公式包含数字串、数值型数据和字符串，可以参加字符运算。

	A	B	C	D
1	输入公式	计算结果	结果类型	注意
2	=2*2^3	16	数值型	"^"优先级别高于"*"
3	=1+2	3	数值型	
4	="1"+2	3	数值型	数字串转换为数值型计算
5	="1"+"2"	3	数值型	数字串转换为数值型计算
6	="a"+1	#VALUE！	出错	操作数的类型不正确
7	="a"+"1"	#VALUE！	出错	操作数的类型不正确
8	="1"&"2"	12	文本型	
9	="a"&"1"	a1	文本型	用英文的双引号
10	="a"&1	a1	文本型	数字1等价"1"
11	="x"&" "&"y"	x y	文本型	用英文的双引号
12	=3>5	FALSE	逻辑型	用英文的大于号
13	="AB"="ab"	TRUE	逻辑型	大小写字母相等

图 2.3　公式与显示结果

2.2.2　应用举例

【例 1】　算术表达式应用举例。

在图 2.4（a）中，为了计算"实发工资"（实发工资=基本工资+奖金），可以先在 D2 单元格输入公式"=B2+C2"，然后鼠标指针移动到 D2 单元格"填充柄"处，向下复制公式，可计算出其他人员的"实发工资"，计算结果见图 2.4（b）的 D 列。

	A	B	C	D
1	编号	基本工资	奖金	实发工资
2	001	2000.00	800.00	=B2+C2
3	002	1500.00	2800.00	=B3+C3
4	003	3000.00	400.00	=B4+C4
5	004	2000.00	2400.00	=B5+C5
6	005	700.00	400.00	=B6+C6
7	006	1500.00	2000.00	=B7+C7
8	007	1200.00	1500.00	=B8+C8
9	008	800.00	100.00	=B9+C9
10	009	3000.00	2200.00	=B10+C10

	A	B	C	D
1	编号	基本工资	奖金	实发工资
2	001	2000.00	800.00	2800.00
3	002	1500.00	2800.00	4300.00
4	003	3000.00	400.00	3400.00
5	004	2000.00	2400.00	4400.00
6	005	700.00	400.00	1100.00
7	006	1500.00	2000.00	3500.00
8	007	1200.00	1500.00	2700.00
9	008	800.00	100.00	900.00
10	009	3000.00	2200.00	5200.00

（a）在 D2 输入公式，向下复制　　　　　　（b）D 列显示计算结果

图 2.4　"算术表达式"举例

【例 2】　字符串表达式应用举例。

例如，在图 2.5 中 B 列"单位名称"都有"学院"两个字，为了简便输入，"学院"两个

字只需要输入一次便可。同样，E 列的电话号码都是 "6449" 打头的，也可以采用简便的方法输入。

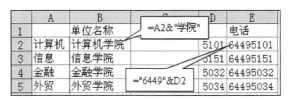

图 2.5   "字符串表达式" 举例

① 在 B2 输入公式 "=A2&"学院""，然后复制到 B3:B5。

② 在 E2 输入公式 "="6449"&D2"，然后复制到 E3:E5。

B 列和 E 列都是公式，例如，将 B 列公式转为数值的操作是：

选定 B2:B5，单击"复制"按钮 🗐，再单击 编辑 菜单→ 选择性粘贴 ，选中"数值"→ 确定 。用同样的方法，也可以将 E 列的公式转为数值。

【例 3】 关系表达式应用举例。

图 2.6 所示为一些基金公司在两个不同时间的基金累计净值，要求根据 B 列和 C 列计算基金的增长率，如果增长率大于 30%，显示"TRUE"，否则显示"FALSE"。

D2			fx =(C2-B2)/B2>0.3
	A	B	C	D
1	基金简称	累计净值(元) 2006.1.4	累计净值(元) 2006.6.26	增长率>30%
2	华夏成长	1.096	1.612	TRUE
3	华夏大盘精选	1.021	1.819	TRUE
4	华夏债券	1.112	1.163	FALSE
5	华夏回报	1.153	1.767	TRUE
6	华夏红利	1.018	1.634	TRUE

图 2.6   "逻辑表达式" 举例（数据来源：中国基金网 www.chinafund.cn）

操作很简单，只需要在 D2 单元格输入公式"=(C2-B2)/B2>0.3"，然后将该公式复制到 D3:D6 即可。

2.3   常用函数及其应用

Excel 提供了常用函数、财务函数、日期与时间函数、数学与三角函数、统计函数、查找与引用函数、数据库函数、文本函数、逻辑函数、信息函数等。用函数能方便地进行各种运算。

2.3.1   函数格式、函数的输入与嵌套

1．函数格式

函数一般由函数名和参数组成。形式为：

函数名（参数表）

说明：

（1）函数名中的大小写字母等价。

（2）参数表由用逗号分隔的参数 1，参数 2，…，参数 N（$N \leqslant 30$）构成。

（3）参数可以是常数、单元格地址、单元格区域、单元格区域名称或函数等。

2. 函数输入方法与技巧

例如，在某个单元格输入公式"=AVERAGE(B1:B10)"，可以用以下两种方法之一。

方法 1：直接在单元格输入公式"=AVERAGE(B1:B10)"。

方法 2：用"函数向导"快速输入函数，方法如下：

① 单击单元格，单击"编辑栏"左侧"插入函数"按钮 ，在"插入"对话框选中函数"AVERAGE"→单击 确定 ，打开"函数参数"对话框。

② 用鼠标选定 B1:B10，单击 确定 。

如果②中选定的区域比较大，可以单击"切换"按钮 （隐藏"函数参数"对话框的下半部分），然后再选定区域，单击"切换"按钮 （恢复显示"函数参数"对话框的全部内容），单击 确定 。

3. 函数嵌套

函数嵌套是指一个函数可以作为另一函数的参数使用。例如公式：

$$ROUND(AVERAGE(A2:C2)，0)$$

其中，ROUND 为一级函数，AVERAGE 为二级函数。先执行 AVERAGE 函数，再执行 ROUND 函数。一定要注意，AVERAGE 作为 ROUND 的参数，它返回的数值类型必须与 ROUND 参数使用的数值类型相同。Excel 嵌套最多可嵌套七级。

2.3.2 常用函数及其应用举例

1. 求和函数 SUM(参数 1,参数 2,…)

功能：求一系列数据的累加和。

2. 算术平均值函数 AVERAGE(参数 1,参数 2,…)

功能：求一系列数据的算术平均值。

3. 最大值函数 MAX(参数 1,参数 2,…)

功能：求一系列数据的最大值。

4. 最小值函数 MIN(参数 1,参数 2,…)

功能：求一系列数据的最大值。

5. 统计个数函数

（1）COUNT(参数 1,参数 2,…)

功能：求一系列数据中数值型数据的个数。

（2）COUNTA(参数 1,参数 2,…)

功能：求"非空"单元格的个数。

（3）COUNTBLANK(参数 1,参数 2,…)

功能：求"空"单元格的个数。

【例 1】 注意观察在图 2.7 中 D 列的公式，理解以上常用函数的功能。其中 B 列是 6 个月的存款记录，D 列和 E 列分别是计算公式和计算结果，F 列描述了公式的功能。注意"空白"单元格和文本数据对统计函数的影响。

	A	B	C	D	E	F
1	月份	存款额		实例	计算结果	说明
2	1月	2000		=SUM(B2:B7)	10000	计算6个月的存款额的总和
3	2月			=AVERAGE(B2:B7)	2500	计算6个月的存款额的平均值
4	3月	1000		=COUNT(B2:B7)	4	统计数值型单元格的个数
5	4月	4000		=COUNTA(B2:B7)	5	统计非空单元格的个数
6	5月	已取出		=COUNTBLANK(B2:B7)	1	统计空的单元格的个数
7	6月	3000		=MAX(B2:B7)	4000	统计最高存款额
8				=MIN(B2:B7)	1000	统计最低存款额

图 2.7　"常用函数"举例

6．四舍五入函数 ROUND(数值型参数，n)

功能：返回对"数值型参数"进行四舍五入到第 n 位的近似值。

当 n>0 时，对数据的小数部分从左到右的第 n 位四舍五入。

当 n=0 时，对数据的小数部分最高位四舍五入取数据的整数部分。

当 n<0 时，对数据的整数部分从右到左的第 n 位四舍五入。

【例 2】 有关 ROUND 函数的使用，见图 2.8 中的实例。

	A	B
1	实例	计算结果
2	=ROUND(625.746,2)	625.75
3	=ROUND(625.746,1)	625.7
4	=ROUND(625.746,0)	626
5	=ROUND(625.746,-1)	630
6	=ROUND(625.746,-2)	600

图 2.8　"ROUND 函数"举例

7．条件函数 IF(逻辑表达式，表达式 1，表达式 2)

功能：若"逻辑表达式"值为真，函数值为"表达式 1"的值；否则为"表达式 2"的值。

一个 IF 函数能根据给定的条件得出两种不同的结果；若根据条件判断得出 3 种不同的结果，就要用嵌套的两个 IF 函数来实现。如果要得出 4 种不同的结果，就要用嵌套的 3 个 IF 函数来实现。下面通过实例来理解 IF 函数和嵌套的 IF 函数的功能。

【例 3】 请对图 2.9[1]中的几个公司在半年内的业绩做出评价，如果"累计净值"增长率大于 30%，"评价"为"优秀"，否则为"良好"。

在 D2 单元格输入公式：

$$=IF(C2-B2)/B2>0.3,"优秀","良好")$$

然后将该公式复制到 D3:D6，计算出其他公司的"评价"结果（见图 2.9 的 D 列）。

D2		f_x	=IF((C2-B2)/B2>0.3,"优秀","良好")	
	A	B	C	D
1	基金简称	累计净值(元) 2006.1.4	累计净值(元) 2006.6.26	评价
2	嘉实成长	1.2312	1.6885	优秀
3	嘉实增长	1.323	1.999	优秀
4	嘉实稳健	1.137	1.583	优秀
5	嘉实债券	1.057	1.227	良好
6	嘉实服务	0.939	1.256	优秀

图 2.9　"IF 函数"举例

【例 4】 对图 2.10 中的 6 个分公司在一年内的业绩做出评价，"评价"等级分为三级，

---

[1] 数据来源：中国基金网站 http://www.chinafund.cn/

评价标准如下：

"营业额"大于 2 000 万，"评价"为"优秀"；

"营业额"在 2 000～1 000 万之间，"评价"为"良好"；

"营业额"低于 1 000 万，"评价"为"一般"。

在 C2 输入公式：

$$=IF(B2>2000,"优秀",IF(B2>=1000,"良好","一般"))$$

然后将该公式复制到 C3:C6，计算出其他分公司的"评价"结果（见图 2.10 中的 C 列）。

	A	B	C	D	E	F
					C2	f_x =IF(B2>2000,"优秀",IF(B2>=1000,"良好","一般"))
1	名称	营业额(万)	评价			
2	第一分公司	2000	良好			
3	第二分公司	750	一般			
4	第三分公司	4500	优秀			
5	第四分公司	1500	良好			
6	第五分公司	3000	优秀			
7	第六分公司	1200	良好			

图 2.10　"嵌套 IF 函数"举例

8．条件计数 COUNTIF(条件数据区，"条件")

功能：统计"条件数据区"中满足给定"条件"的单元格的个数。

【例 5】 在图 2.11 中，A 列和 B 列分别输入"存款（年限）"和"存款额"，要求统计存款年限为"3"的记录个数。

在任意一个单元格（见图 2.11 中的 D4 单元格）输入以下公式即可。

=COUNTIF(A2:A10,"=3") 或 =COUNTIF(A2:A10,"3") 或 =COUNTIF(A2:A10,3)

COUNTIF 函数只能对给定的数据区域中满足一个条件的单元格统计个数，若对一个以上的条件统计单元格的个数，用第 7 章数据库函数 DCOUNT 或 DCOUNTA 实现。

9．条件求和函数 SUMIF(条件数据区，"条件"[，求和数据区])

功能：在"条件数据区"查找满足"条件"的单元格，统计满足条件的单元格对应于"求和数据区"中数据的累加和。"求和数据区"为可选项，可以省略，如果"求和数据区"省略，统计"条件数据区"满足条件的单元格中数据的累加和。

系统执行该函数的过程是：在"条件数据区"中查找满足第 2 个参数"条件"的一组单元格，记住它们在"条件数据区"中相对条件区开始处的相对位置，将这些位置对应到"求和数据区"，在"求和数据区"求对应位置上的数据的累加和。

SUMIF 函数中的前两个参数与 COUNTIF 中的两个参数的含义相同，如果省略 SUMIF 中的第 3 个参数，SUMIF 是求满足条件的单元格内数据的累加和。

【例 6】图 2.11 中的 A 列和 B 列分别输入"存款年限"和"存款额"，求"存款年限"等于"3"的存款累加和。

在任意一个单元格（见图 2.11 中的 D8 单元格）输入以下公式即可。

=SUMIF(A2:A10,"=3",B2:B10)

	A	B	C	D	E	F	G
1	存款(年限)	存款额					
2	3	1000		统计有几笔存款年限为3的记录			
3	1	2000		结果	条件求个数公式		
4		500		4	←=COUNTIF(A2:A10,"=3")		
5	5	1000					
6	2	2000		统计存款年限为3的存款累加和			
7	3	1000		结果	条件求和公式		
8	2	3000		3200	←=SUMIF(A2:A10,"=3",B2:B10)		
9	2	1000					
10	3	700					

图 2.11　"SUMIF 和 COUNTIF"函数举例

2.4　地　址　引　用

2.4.1　相对地址、绝对地址和混合地址的引用

Excel 有"A1"和"R1C1"两种地址"引用样式",通常人们习惯用默认的"A1 引用样式"。在本教材中都是以"A1 引用样式"为例介绍 Excel 的使用。

若在一个公式中用到一个或多个单元格地址,认为该公式引用了单元格地址。根据不同的需要,在公式中引用单元格地址分 3 种引用方式,即相对地址引用、绝对地址引用和混合地址引用。

例如,用"A1 引用样式"表示引用 C1 单元格的 3 种地址引用方式为:

- 相对地址引用:C1
- 绝对地址引用:$C$1
- 混合地址引用:$C1,C$1

在混合地址引用中可以看出,"$C1"的列是绝对地址,行是相对地址;而"C$1"的列是相对地址,行是绝对地址。

在输入地址时,按 F4 键可以实现以上 4 个不同的地址引用方式的快速转换。

若在 D1 输入公式"=100+C1",鼠标单击公式中"C1"所在的位置(插入点紧邻引用地址"C1"前、后或中),反复按 F4 键,可实现不同的引用地址方式的转换,如

$$\$C\$1 \rightarrow C\$1 \rightarrow \$C1 \rightarrow C1 \rightarrow \$C\$1 \rightarrow \cdots$$

实际上$C$1、C$1、$C1 和 C1 都表示引用 C1 单元格地址,只是采用了不同的引用方式。如果 D1 的公式不再被复制到其他的单元格,则 D1 中的引用地址用相对地址、绝对地址或混合地址都是等价的。否则,如果公式要复制到其他的单元格,则要根据情况选择其中一种地址引用方式。

1."A1 引用样式"的相对地址

"相对地址"引用的特点是,若公式被复制,公式中的"相对地址"会与原来的不一样,但是引用的相对位置不会改变。

【例 1】　图 2.12 所示为一个"商品价目表",其中有商品名、单价、数量等。如果每一个商品"总计"的计算公式都是一样的,如:

$$总计=单价\times数量$$

则只需要计算第一个商品的"总计",而其他商品的总计通过复制公式来完成即可。

	A	B	C	D	E	F
1	折扣	90%				
2			商品价目表			
3	商品名	单价(元)	数量(台)	总计	折扣后单价	折扣后总计
4	MP3	500	100	=B4*C4	=B4*$B$1	=E4*C4
5	手机	2500	50	=B5*C5	=B5*$B$1	=E5*C5
6	U盘	200	200	=B6*C6	=B6*$B$1	=E6*C6
7	笔记本电脑	8000	600	=B7*C7	=B7*$B$1	=E7*C7
8	合计	=SUM(B4:B7)	=SUM(C4:C7)	=SUM(D4:D7)	=SUM(E4:E7)	=SUM(F4:F7)

图 2.12　"相对地址与绝对地址"的引用举例

例如计算"总计"，在 D4 输入公式：

$$=B4*C4$$

然后选定该单元格，再拖曳该单元格的"填充柄"向下复制到 D7 单元格。由于 D4 单元格的计算是相对它左侧的第二列 B4 和左侧的第一列 C4 单元格的乘积，将它复制后（见图 2.12 中的 D3:D7）仍然是相对位置的左侧的第二列和第一列单元格的乘积。

计算"合计"是在 B8 单元格输入"=SUM(B4:B7)"，选定该单元格，向右拖曳"填充柄"到 F8 单元格，观察 B8:F8 它们引用的单元格相对位置是一致的。

2．"A1 引用样式"的绝对地址

"绝对地址"中的"$"就像一把"锁"，将行地址和列地址"锁住"。无论"绝对地址"被复制到任何位置，复制后的"绝对地址"永远不变，始终为固定的地址。

【例 2】 例如在图 2.12 中，为了便于更改商品打折的折扣，将"折扣"放在 B1 单元格，如果：

折扣后单价=折扣×单价

则只需要计算第一个商品的"折扣后单价"，而其他商品的"折扣后单价"通过复制公式来完成即可。由于无论哪一个商品引用"折扣"都是引用固定不变的 B1 单元格，因此在引用 B1 单元格时要用绝对地址。

例如计算"打折后单价"，在 E4 输入公式：

$$=B4*\$B\$1$$

然后选定该单元格，再拖曳"填充柄"向下复制到 E7 单元格。

说明：

（1）"单价"总是引用相对位置左侧的第二列的单元格，所以"单价"用相对地址；

（2）每一个商品的"折扣"都是引用 B1 单元格，因此 B1 要用绝对地址。

当然，上述 E4 中的公式也可以用等价的混合地址表示，写成：

$$=\$B4*B\$1$$

用混合地址表示容易出错，因此尽量用相对地址或绝对地址引用。当然，在有些情况下必须用混合地址引用。

3．"A1 引用样式"的混合地址

混合地址是相对地址和绝对地址的混合引用。

【例 3】 下面以输入"九九乘法表"为例说明混合地址的使用。

① 见图 2.13，在第二行和第一列分别输入 1～9 数字。

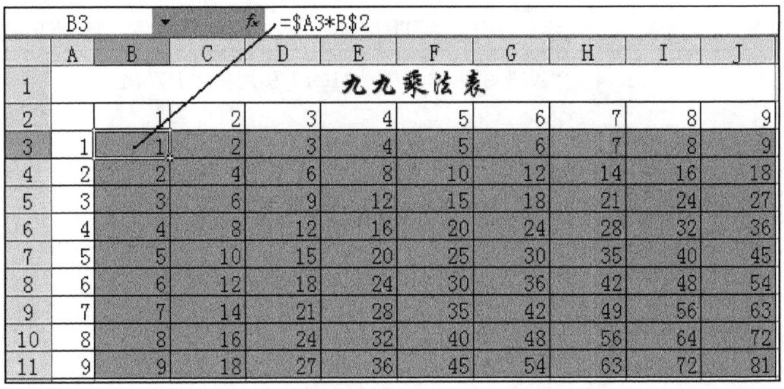

图 2.13　"九九乘法表"混合地址引用举例

② 在 B3 单元格输入公式：

$$=\$A3*B\$2$$

③ 将 B3 单元格的公式复制到 B3:J11 即可。

说明： 由于"被乘数"是固定在第一列的不同的行上，因此被乘数的列要用绝对地址才能锁定在第一列，而被乘数的"行"引用第一列同行的数据，因此行用相对地址，即"$\$A3$"；而"乘数"是固定在第二行的不同的列上，因此乘数的行要用绝对地址，列用相对地址，即 B2。

2.4.2 R1C1 引用样式

Excel 的另一种表示法是"R1C1 引用样式"。根据使用习惯可以选择"A1"或"R1C1"引用样式。两种引用样式的切换方法是：单击 工具 菜单→ 选项 ，在"常规"卡中选中或放弃"R1C1 引用样式"。

"R1C1 引用样式"的"行标号"和"列标号"都用数字表示。用 R<行标号>表示"行"，行标号范围是 1～65536；用 C<列标号>表示"列"，列标号范围是 1～256。图 2.14 所示为同一个工作表在两种不同的引用样式下的显示结果。

"R1C1 引用样式"的相对地址、绝对地址和混合地址的表示如下：

● 相对地址引用：R[数字]C[数字]
● 绝对地址引用：R 数字 C 数字
● 混合地址引用：R[数字]C 数字　或者　R 数字 C[数字]

例如"$\$C\$2$"表示第 2 行第 3 列单元格，等价于"R1C1 引用样式"的"R2C3"（对比见图 2.14 中两个名称框）。在图 2.14 中 RC[-2]表示引用当前行并且向左数第 2 列的单元格地址。

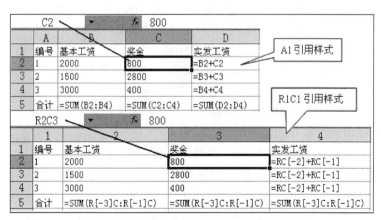

图 2.14 "A1"引用样式与"R1C1"引用样式的对比

2.4.3 复制/移动/插入/删除单元格对公式的影响

1. 复制/移动公式

（1）复制公式

若被复制的公式中没有引用任何地址，复制到目标位置的公式与原来的公式一样。

若被复制的公式中有“地址引用”，从前面介绍的相对地址、绝对地址和混合地址中可以看出，复制到目标位置的公式中“相对地址”引用的相对位置不变，“绝对地址”始终为固定的地址引用。

为了保证公式复制到目标位置，公式的值不变化，可以考虑将公式的值复制到目标位置。操作方法为：

选定公式所在的单元格，单击“复制”按钮，再单击目标位置，在编辑菜单→选择性粘贴中选择“数值”→确定即可。

如果只是将一个单元格中的公式改变为数值，在编辑单元格的状态下按F9键。

（2）移动公式

若将公式从一个单元格移动到另一个单元格，公式中的任何内容都不会发生变化，这与公式的复制是不同的。

2．复制/移动对公式的影响

（1）复制与公式相关的单元格

如果某个单元格区域被公式引用了，将它们复制到其他的位置，不会影响公式的引用。

（2）移动与公式相关的单元格

下面通过例子说明移动单元格区域对公式的影响。

例如，在图 2.15 中的 D7 和 B8 单元格存放的是公式，它们都引用了 B7，若将 B7 的内容移动到 E7，注意 D7 中的公式变了，B8 没有变化。

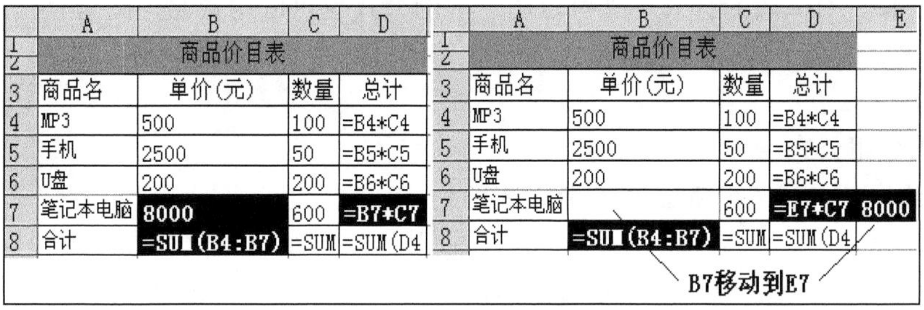

	A	B	C	D
1–2	商品价目表			
3	商品名	单价(元)	数量	总计
4	MP3	500	100	=B4*C4
5	手机	2500	50	=B5*C5
6	U盘	200	200	=B6*C6
7	笔记本电脑	8000	600	=B7*C7
8	合计	=SUM(B4:B7)	=SUM	=SUM(D4

	A	B	C	D	E
1–2	商品价目表				
3	商品名	单价(元)	数量	总计	
4	MP3	500	100	=B4*C4	
5	手机	2500	50	=B5*C5	
6	U盘	200	200	=B6*C6	
7	笔记本电脑		600	=E7*C7	8000
8	合计	=SUM(B4:B7)	=SUM	=SUM(D4	

图 2.15　“移动公式”的举例

将 B7 的内容移动 E7 后，D7 内容由

=B7*C7

变为

=E7*C7

引用的地址变了，引用的数据没有变。这是因为 D7 引用的一个完整的单元格区域（B7）被移动了。因此，D7 引用的完整区域变换了位置，引用的内容没有变，计算结果应该仍然与移动前相同。

B8 内容仍然是“=SUM(B4:B7)”，引用的地址没有变。

这是因为移动的数据仅仅是 B8 公式中引用区域的一部分，公式的引用区域不变。

3．插入/删除对公式的影响

下面通过对图 2.16（a）中的数据表进行插入/删除单元格的操作，观察对公式的影响。

例如，在图 2.16（a）中第 7 行的前后分别插入两行，得到图 2.16（b）；若在图 2.16（a）的表删除第 6 行得到图 2.16（c）。仔细观察 B8 单元格的公式发生的变化，总结如下：

（1）如果插入的单元格在公式的引用区内，则扩大公式中单元格引用区域；

（2）如果删除的单元格在公式的引用区内，则缩小公式中单元格引用区域。

图 2.16　"插入/删除操作对公式的影响"的举例

例如：

公式=SUM(B4:B7)，在 B4:B7 内插入一行后，则公式=SUM(B4:B8)

公式=SUM(B4:B7)，在 B4:B7 内删除一行后，则公式=SUM(B4:B6)

2.5　数组与数组运算

在 Excel 中，对一般的计算，既可以用一般的公式也可以用数组，而对有些函数的计算，必须用数组来完成。下面介绍数组公式的一般使用方法，有关数组在函数中的使用将在第 7 章介绍。

1．输入数组公式

输入数组公式与输入一般公式的最大区别是：

（1）输入数组前，不是选定一个单元格，而是选定一组（存放结果）单元格。

（2）数组公式输入完成后，不是按回车键，而是同时按 Ctrl 键+ Shift 键+ 回车键。

在一般情况下，如果计算的对象是一组数据，计算的结果是一个数据或一组数据时，就可以用数组公式来计算。用一般公式计算与用数组计算的结果是一样的。下面通过图 2.17 中的例子说明一般公式与数组的区别。

2．数组公式举例

在图 2.17（a）的表中，假设要计算"奖金（C 列）+200"，用一般公式计算的结果放在 D 列，用数组计算的结果放在 E 列。操作如下：

① 在 D2 输入公式 "=C2:C10 + 200"，然后将该公式向下复制到 D10 单元格；

② 选定 E2:E10，输入公式 "= C2 + 200"，同时按 Ctrl + Shift + Enter 键。

在输入数组公式后，系统会自动在大括号"{"和"}"内插入公式，见图 2.17（b）的"编辑栏"。仔细观察 E 列会发现，存放结果的一组单元格的公式完全一样，说明它们是一个整体"数组"。Excel 不允许对数组中的任何一个单元格做修改或删除操作。

从图 2.17（a）看到 D 列和 E 列的计算结果是一样的，那么什么情况用一般公式计算？什么情况用数组公式计算？这要从数组的特性来分析。

数组公式是一个整体，不允许修改其中任何一个公式，必须整体修改或删除。因此，用数组计算安全性更高一些。而对于一般公式的 D 列而言，我们可以修改 D 列中任何一个公式。

3．修改数组公式

数组是一个整体，只能对整个数组进行修改。修改数组的操作步骤如下。

① 单击包含数组公式的任何一个单元格或选定数组的全部单元格。

② 单击"编辑栏"（大括号消失），在"编辑栏"编辑数组公式。

③ 同时按 Ctrl+Shift+Enter 键。

如果修改前只选定其中的一个单元格，修改后会看到数组公式中的每一个公式都被更新。

4．删除数组公式

不允许删除数组中的一部分。若要删除数组，只能全部删除。操作方法是：选定包含数组的全部单元格→按 Delete 键。

图 2.17 所示为"一般的公式"与"数组公式"的对比。

（a）对比计算结果　　　　　　（b）对比计算公式

图 2.17　"一般的公式"与"数组公式"的对比举例

2.6　应　用　举　例

2.6.1　实发工资与工薪税的计算

从表 2.1 所示的"工薪税速算表"可以看出，根据全月应纳税所得额的多少，工薪税分为 9 个级别（详细内容见图 7.11），若用 IF 函数计算 9 个等级的工薪税，则需要嵌套 8 个 IF 函数，但是 Excel 最多只允许嵌套 7 个函数。因此，若要考虑工薪税的 9 个级别，在第 7 章将介绍用 VLOOKUP 函数来实现计算工薪税。下面的例子只考虑全月应纳税所得额在 2 万元以内的情况。

表 2.1　　　　　　　　　　　　　　工薪税速算表

级　　数	全月应纳税所得额	纳　税　额	税　率	速算扣除数
1	不超过 500 元的部分	0	5%	0
2	超过 500 元至 2 000 元的部分	500	10%	25
3	超过 2 000 元至 5 000 元的部分	2 000	15%	125
4	超过 5 000 元至 20 000 元的部分	5 000	20%	375
5	超过 20 000 元至 40 000 元的部分	20 000	25%	1375
	……			

【例 1】 图 2.18 所示的工资表中有职工的"编号"、"基本工资"和"奖金",其中"应发工资"的计算为:应发工资=基本工资+奖金,假设图 2.18 中的"应发工资"都在 2 万元以内。要求计算每个人的"应发工资"、"工薪税"和"实发工资"。

=IF(E2=0,0,IF(E2<500,0.05,IF(E2<2000,0.1*E2-25,IF(E2<5000,0.15*E2-125,0.2*E2-375))))

	A	B	C	D	E	F	G
1	编号	基本工资	奖金	实发工资	计税工资	工薪税	实发工资
2	001	2000.00	800.00	2800.00	1200.00	95.00	2705.00
3	002	1500.00	2800.00	4300.00	2700.00	280.00	4020.00
4	003	3000.00	400.00	3400.00	1800.00	155.00	3245.00
5	004	2000.00	2400.00	4400.00	2800.00	295.00	4105.00
6	005	700.00	400.00	1100.00	0.00	0.00	1100.00
7	006	1500.00	2000.00	3500.00	1900.00	165.00	3335.00
8	007	1200.00	1500.00	2700.00	1100.00	85.00	2615.00
9	008	800.00	100.00	900.00	0.00	0.00	900.00
10	009	3000.00	2200.00	5200.00	3600.00	415.00	4785.00

图 2.18 "工资表的所得税计算"举例

操作步骤如下。

① 计算"应发工资",在 D2 单元格输入公式"=B2+C2"。

②若"个人所得税"免征额是 1600 元,则"计税工资"的计算是在 E2 输入公式:

$$=IF(D2-1600<0,0,D2-1600)$$

③计算 "工薪税",在 F2 输入公式:

=IF(E2=0,0,IF(E2<500,0.05,IF(E2<2000,0.1*E2-25,IF(E2<5000,0.15*E2-125,0.2*E2-375))))

④计算"实发工资",在 G2 输入公式:=D2-F2

⑤选定 D2:G2,鼠标指针移到选定区域"填充柄"处,向下复制到第 10 行。

2.6.2 银行存款利息计算

【例 2】 假设在图 2.19 中的 A 列～D 列分别输入了存款额、存款期限(汉字)、存款期限(数字)和存款年利率(定期整存整取),要求计算到期后的利息和税后利息。为了便于计算,在图 2.19 "期限"用 C 列的数据进行计算。

	E2		fx	=A2*C2*D2/100		
	A	B	C	D	E	F
1	存款额	期 限	期 限	年利率(%)	到期利息	税后利息
2	10000	三个月	0.25	1.71	42.75	34.2
3	10000	六个月	0.5	2.07	103.5	82.8
4	15000	一 年	1	2.25	337.5	270
5	30000	二 年	2	2.7	1620	1296
6	20000	三 年	3	3.24	1944	1555.2
7	20000	五 年	5	3.6	3600	2880

图 2.19 计算银行存款利息举例

操作步骤如下。

① 计算到期后的利率,在 E2 单元格输入公式"=A2*C2*D2/100"。

② 计算到期后的税后利率,在 F2 单元格输入公式"=E2*0.8"。

③ 选定 E2:F2,鼠标指针移到选定区域的"填充柄",向下复制到第 7 行。

2.6.3 财务数据计算

【例 3】 若某公司只经营一种商品,一个季度内的各个月份的毛利率根据上季度实际毛利率确定。假设该公司 2006 年第一季度和第二季度所经营的商品情况如下:

（1）第一季度累计销售收入为 50 万元、销售成本为 40 万元，3 月份月末库存商品实际成本为 30 万元；

（2）第二季度购进商品成本 70 万元，4 月和 5 月的实现商品销售收入分别是 25 万元和 35 万元。

如果 6 月份月末按一定方法计算的库存商品实际成本是 32 万元，要求计算出该公司第一季度所售商品的实际毛利率；该公司 2006 年 4～6 月份的商品销售成本。

第一步：建立表格（见图 2.20 所示）。

输入数据时需要注意：

● 为了使读者醒目地看到所求项目存放的单元格，将这些单元格用阴影表示（不要向这些单元格输入数据）。

● 输入数据时不要输入"万"。图 2.20 中 D3:G6 显示的数据格式已经定义为"0″万″"格式，可以参加计算。例如在 D4 实际输入的是

C	D	E	F	G
1		第一季	第二季度	
2			4月份	5月份	6月份
3 购进商品成本		70万		
4 销售收入	50万	25万	35万	
5 销售成本	40万	20万	28万	20万
6 季度末库存商品实际成本	30万			32万
7 实际毛利率	20%			

图 2.20 "财务数据计算"举例

"50"，由于已经定义为："0″万″"格式，所以显示为"50 万"（如果单元格输入 50 万不能参加计算）。

改变图 2.20 中 D3:G6 的显示格式的操作步骤如下。

① 选定 D3:G6 单元格区域。

② 单击 格式 菜单→ 单元格 → 数字 选项卡。

③ 在"分类"列表选择"自定义"，在"类型"框输入"0″万″"。注意其中的双引号为英文的双引号。

第二步：计算。

（1）第一季度所售商品的实际毛利率的计算公式是：

(第一季度销售收入-第一季销售成本)/第一季度销售收入

因此，在 D7 单元格输入公式：

$$=(D4-D5)/D4$$

（2）2006 年 4～5 月份的商品销售成本的计算公式是：

4 月份销售收入×(1-第一季度所售商品的实际毛利率)

因此，在 E5 单元格输入公式：

$$=E4*(1-\$D\$7)$$

然后将该公式复制到 F5 单元格即可。

（3）2006 年 6 月份的商品销售成本的计算公式是：

上一季度末库存商品实际成本+二季度购进商品成本-二季度末库存商品实际成本(4～5 月份的商品销售成本之和)。

因此，在 G5 单元格输入公式：

$$=D6+E3-G6-(E5+F5)$$

2.6.4 收益预测表

【例 4】 图 2.21 所示为某个公司的未来 3 年"收益预测表"，其中阴影部分是所求项目

的单元格。要求计算 2008 年、2009 年和 2010 年的收益预测。

	A	B	C	D	E	F	G
1	收益预测表						
2		2008	%	2009	%	2010	%
3	销售额	10,000	100.00%	25,000	100.00%		100.00%
4	成本	4,000	40.00%	15,000	60.00%		
5	毛利	6,000	60.00%	10,000	40.00%		
6	运营费用						
7	工资	1,800	18.00%	3,000	12.00%		
8	津贴	200	2.00%	2,500	10.00%		
9	劳务费	1,000	10.00%	500	2.00%		
10	补助		0.00%		0.00%		
11	维修	200	2.00%		0.00%		
12	其他		0.00%		0.00%		
13	费用合计	3,200	32.00%	6,000	24.00%		
14	税前利润	2,800		4,000			
15	所得税	300		500			
16	税后利润	2,500		3,500			
17	所有人权益	500					
18	收入总计	2,000		3,500			

图 2.21 “收益预测”举例

每年的收益预测计算方法是一样的，下面以计算 2008 年的收益预测数据为例，介绍操作步骤。

① “成本”占“销售额”的百分比（成本/销售额）：C4=B4/B3。

② “毛利”（销售额－成本）：B5=B3−B4。

③ “毛利”占“销售额”的百分比（毛利/销售额）：C5=B5/B3。

④ 各项“运营费用”占“销售额”的百分比的计算是：C7=B7/$B$3

将该公式复制到 C8:C13。

⑤ “费用合计”：B13=SUM(B7:B12)。

⑥ “税前利润”（毛利－费用合计）：B14=B5−B13。

⑦ “税后利润”（税前利润－所得税）：B16=B14−B15。

⑧ “收入总计”（税后利润－所有人权益）：B18=B16−B17。

2.7 错 误 值

错误值一般以“#”符号开头，出现错误值有以下几种原因，如表 2-2 所示。

表 2.2 错误值表

错 误 值	错误值出现原因	举 例 说 明
#DIV/0!	除数为 0	例如=3/0
#N/A	引用了无法使用的数值	例如 HLOOKUP 函数的第 1 个参数对应的单元格为空
#NAME?	不能识别的名字	例如=sun(a1:a4)
#NULL!	交集为空	例如=sum(a1:a3 b1:b3)
#NUM!	数据类型不正确	例如=sqrt(-4)
#REF!	引用无效单元格	例如引用的单元格被删除
#VALUE!	不正确的参数或运算符	例如=1+“a”
########	宽度不够,加宽即可	

习 题

一、选择题

1. 在 Excel 工作表中，函数 ROUND(5472.614,0)的结果是（ ）。

　A）5473　　　　　　B）5000　　　　　　C）0.614　　　　　　D）5472

2. 在 Excel 中，引用单元格有 3 种形式是（ ）。

　A）绝对地址、相对列地址绝对行地址、相对地址

　B）相对地址、相对行地址相对列地址、绝对地址

　C）混合地址、相对列地址绝对行地址、绝对地址

　D）混合地址、相对地址、绝对地址

3. 在 Excel 中，已知单元格 A1 到 A4 为数值型数据，A5 内容为公式"=SUM(A1:A4)"，如果在第 3 行的下面插入一行，则（ ）。

　A）单元格 A5 内容不变

　B）单元格 A5 内容为"=SUM(A1:A5)"

　C）单元格 A5 为原 A4 中的内容，单元格 A6 为"=SUM(A1:A4)"

　D）单元格 A5 为原 A4 中的内容，单元格 A6 为"=SUM(A1:A5)"

4. 在 Excel 中，错误值总是以（ ）开头。

　A）$　　　　　　　　B）@　　　　　　　　C）#　　　　　　　　D）&

5. 在 Excel 中，如果 E1 单元格的数值为 10，F1 单元格输入"=E1+20"，G1 单元格输入"=$E$1+20"，则（ ）。

　A）F1 和 G1 单元格的值均是 30

　B）F1 单元格的值不能确定，G1 单元格的值为 30

　C）F1 单元格的值为 30，G1 单元格的值为 20

　D）F1 单元格的值为 30，G1 单元格的值不能确定

6. 在 Excel 中，单元格 A1 的数值为 10，在单元格 B1 中输入"=$A1+10"，在单元格 C1 中输入"=A$1+10"，则（ ）。

　A）B1 单元格的值 10，C1 单元格的值是 20

　B）B1 和 C1 单元格的值都是 20

　C）B1 单元格的值是 20，C1 单元格的值是 10

　D）B1 和 C1 单元格的值都是 10

7. 已知 A1、B1 和 C1 单元格的内容分别是"ABC"、10 和 20，COUNT(A1:C1)的结果是（ ）。

　A）2　　　　　　　　B）3　　　　　　　　C）10　　　　　　　　D）20

8. 在 Excel 中，已知 A1:D10 各单元格中均存放数值 1，E1 内容是"=SUM(A1:D10)"，如果将 E1 内容移动到 E2，则 E2 内容为（ ）。

　A）=SUM(A1:D10)　　　　　　　　　　B）=SUM(A2:D11)

　C）=SUM(A2:D10)　　　　　　　　　　D）=SUM(A1:D11)

9. 在 Excel 中，已知单元格 A1、B1 和 C1 中存放数值型数据，D1 内容为 "=SUM(A1:C1)"，如果在 B 列后面插入一列，则（　　）。

　　A）单元格 D1 内容不变

　　B）单元格 D1 为 "=SUM(A1:D1)"

　　C）单元格 D1 为原 C1 中的数据，单元格 E1 为 "=SUM(A1:C1)"

　　D）单元格 D1 为原 C1 中的数据，单元格 E1 为 "=SUM(A1:D1)"

10. 在 Excel 中，已知单元格 A1:A4 为数值型数据，A5 内容为 "=SUM(A1:A4)"，其他单元格内容为空，如果删除第 3 行，则（　　）。

　　A）单元格 A5 内容为 "=SUM(A1:A4)"

　　B）单元格 A5 内容为 "=SUM(A1:A3)"

　　C）单元格 A4 内容为 "=SUM(A1:A3)"

　　D）单元格 A4 内容为 "=SUM(A1:A4)"

11. 在 Excel 中，下列叙述不正确的是（　　）。

　　A）一次可以插入多行或多列

　　B）可以选定多个不连续的区域

　　C）在工作表中删除行或列，可能引起工作表中某些单元格显示出错信息

　　D）在工作表中插入行或列，可能引起工作表中某些单元格显示出错信息

12. 在 Excel 中，若选定某个单元格，单击 编辑 菜单→ 删除 ，不可能完成的操作是（　　）。

　　A）删除该行　　　　　　　　　　B）右侧单元格左移

　　C）删除该列　　　　　　　　　　D）左侧单元格右移

13. 在 Excel 中，S$2 是对单元格的（　　）。

　　A）绝对引用　　　B）相对引用　　　C）混合引用　　　D）交叉引用

14. 在 Excel 工作表中，不正确的单元格地址是（　　）。

　　A）H$111　　　　B）$H11　　　　C）H1$1　　　　D）$H$11

15. 在 Excel 中，D4 单元格中有公式 "=$B$2+C4"，删除 A 列后，C4 单元格中的公式为（　　）。

　　A）=$A$2+B4　　　B）=$B$2+B4　　　C）=$A$2+C4　　　D）=$B$2+C4

16. 在 Excel 中，要将 B1 单元格中的公式复制到 B2:B20，可以（　　）用鼠标拖曳 B1 单元格的填充柄从 B1 到 B20 单元格即可。

　　A）按住 Ctrl 键　　　B）按住 Shift 键　　　C）按住 Alt 键　　　D）不按任何键

17. 在 Excel 中，A8 单元格的 "绝对引用" 应写为（　　）。

　　A）$A$8　　　　B）$A8　　　　C）A$8　　　　D）A8

18. 在 Excel 中，当某单元格中显示 "#REF!" 时，表示该单元格中公式引用的单元格（或区域）被（　　）。

　　A）错误删除

　　B）复制到工作表的其他位置

　　C）移动到工作表的其他位置

　　D）从其他单元格（区域）移动来的内容所覆盖

19. 在 Excel 中，若在 A2 中输入公式：=56<=57，则显示结果为（　　）。

A）56<57 　　　　B）=56<=57 　　　　C）TRUE 　　　　D）FALSE

20．如果在 A1 单元格内容为字母"a"；A2 单元格内容为数字"1"，则在 A3 单元格输入公式"=A1+A2"后，该单元格的值为（　　　）。

A）a+1 　　　　B）0 　　　　C）1 　　　　D）＃VALUE！

二、思考题

在 Excel 中，相对地址、绝对地址和混合地址在使用上一样吗？为什么？

三、应用题

1．表 2.3 所示为某销售科一季度（9 个人）销售某产品销售量统计表。

表 2.3 某产品销售量统计表

	A	B	C	D	E	F	G
1	月份＼姓名	1 月份	2 月份	3 月份	一季度总计	一季度月平均销售	等级
2	Name1	700	690	890			
3	Name2	1 060	800	880			
4	Name3	675	600	730			
5	Name4	500	570	575			
6	……						
11	总计						
12	平均值					等级为"一等"的人数	
13	最高值						

要求完成以下内容。

（1）在 E2 单元输入公式，计算出第一个人一季度销售量总计，并将该公式复制到 E3:E10，以便计算出其他人员一季度销售总计。

（2）在 F2 单元格输入公式，计算出第一个人一季度月平均销售量，并将该公式复制到 F3:F10，以便计算出其他人员的月平均销售量。

（3）在 B11 单元格输入公式，计算出 1 月份销售科销售量的总计，并将该公式复制到 C11:D11 单元格，以便计算出其他月份销售量的总计。

（4）在 B12 单元格输入公式，计算出 1 月份销售量的平均值，并将该公式复制到 C12:D12，以便计算出其他月份销售量的平均值。

（5）在 B13 单元格输入公式，计算出 1 月份销售量的最高值，并将该公式复制到 C12:D12，以便计算出其他月份的最高值。

（6）依据一季度的销售量的总计，评出"一等"、"二等"和"三等"填入 G2:G10 单元格中。要求在 G2 单元格输入公式，计算出第一个人一季度的等级，并将该公式复制到 G3:G10，以便计算出其他人员的等级。等级标准如下：

2 500≤一季度销售量总计，等级为"一等"；

2 000≤一季度销售量总计<2 500，等级为"二等"；

一季度销售量总计<2 000，等级为"三等"。

（7）统计等级为"一等"的人数。

2. 表 2.4 所示为某单位 100 人的某个月的实发工资。

表 2.4　　　　　　　　　　　　　　工资表

	A	B	C	D	E	F	G	H
1	姓　名	工　资	100 元	50 元	10 元	5 元	2 元	1 元
2	×××	2 679.00						
3		3 852.00						
		…						

若该表已经输入到 Excel 表中，要求完成以下内容。

（1）在 B110 单元格输入公式计算 100 个人的工资总和。

（2）在 B111 单元格输入公式计算 100 个人的平均工资。

（3）要求按照发放纸币张数最少的原则，在 C2 单元格输入公式计算发放给第一个人的所需要的 100 元纸币的张数，并将该公式复制到 C3:C101，以便计算发放给其他人员所需要的 100 元纸币的张数。

（4）要求按照发放纸币张数最少的原则，在 D2 单元格输入公式计算发放给其他人员所需要的 50 元纸币的张数。

（5）要求按照发放纸币张数最少的原则，在 E2 单元格输入公式计算发放给其他人员所需要的 10 元纸币的张数。

第3章 工作簿与工作表

3.1 选定/移动/复制工作表

3.1.1 选定工作表

如果同时选定了多个工作表，其中只有一个工作表是当前工作表（活动工作表），对当前工作表的编辑操作会作用到其他被选定的工作表。例如在当前工作表的某个单元格输入了数据，或者进行了格式修饰操作等，实际上是对所有选定工作表的同样位置的单元格做同样的操作。

1．选定工作表

● 选定一个工作表：单击工作表的标签，选定该工作表。选定的工作表成为当前工作表或活动工作表（放弃在这之前选定的工作表）。

● 按 Ctrl＋PageUp 键：选定当前工作表标签左侧的工作表，使它成为当前工作表。

● 按 Ctrl＋PageDown 键：选定当前工作表标签右侧的工作表，使它成为当前工作表。

● 选定相邻的多个工作表：单击第 1 个工作表的标签，按 Shift 键的同时单击最后一个工作表的标签。

● 选定不相邻的多个工作表：按 Ctrl 键的同时单击要选定的工作表标签。

● 选定全部工作表：鼠标右键单击工作表标签，选择"选定全部工作表"。

2．放弃选定工作表

单击另一个非当前工作表的标签，放弃在这之前选定的工作表。若放弃选定的多张工作表，鼠标右键单击工作表标签，选择"取消成组工作表"。

3.1.2 在工作簿内移动/复制工作表

若在一个工作簿内移动工作表，可以改变工作表在工作簿中的先后顺序。复制工作表可以为已有的工作表建立一个备份。

1．在工作簿内移动工作表

（1）选定要移动的一个或多个工作表标签。

（2）将鼠标指针指向要移动的工作表标签，按住鼠标左键沿标签向左或右拖曳工作表标签。在拖曳鼠标的同时会看到鼠标指针头上有一个黑色小箭头（见图 3.1）随鼠标指针同步移动，当黑色小箭头指向要移动到的目标位置时，松开鼠标按键，被拖曳的工作表移动到黑色小箭头指向的位置。

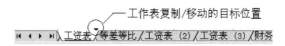

图 3.1　在工作簿内复制/移动工作表

如果在拖曳工作表之前选定了多个工作表标签，则可同时移动多个工作表。

2．在工作簿内复制工作表

复制工作表的操作与移动工作表的操作类似，只是在拖曳工作表标签的同时按 Ctrl 键，当鼠标指针移到要复制的目标位置时，先松开鼠标按键，后松开 Ctrl 键即可。

移动/复制工作表的另一个方法见下面"不同的工作簿之间移动/复制工作表"中的介绍。

3.1.3　不同的工作簿之间移动/复制工作表

用下面介绍的方法既可以实现一个工作簿内工作表的移动/复制，也可以实现不同的工作簿之间工作表的移动/复制。在两个不同的工作簿之间移动/复制工作表，要求两个工作簿文件都必须在同一个 Excel 应用程序下打开。在移动/复制操作中，允许一次移动/复制多个工作表。

操作步骤如下。

① 在一个 Excel 应用程序窗口下，分别打开两个工作簿（源工作簿和目标工作簿）。

② 使源工作簿成为当前工作簿。

③ 在当前工作簿选定要复制或移动的一个或多个工作表标签。

④ 单击 编辑 菜单→ 移动或复制工作表 （或鼠标右击选定的工作表标签→ 移动或复制工作表 ），弹出"移动或复制工作表"对话框（见图 3.2）。

⑤ 在"工作簿"下拉列表框中选择要"复制/移动"到的目标工作簿。

⑥ 在"下列选定工作表之前"列表中选择要插入的位置。

⑦ 如果移动工作表，放弃选中"建立副本"选项；如果

图 3.2　"移动或复制工作表"对话框

复制工作表，一定要选中"建立副本"选项，单击 确定 后，实现选定的工作表移动/复制到目标工作簿。

3.1.4　插入/删除/重新命名工作表

1．插入工作表

允许一次插入一个或多个工作表。操作方法是：

选定一个或多个工作表标签，单击 插入 菜单→ 工作表 。

如果选定了多个工作表，则插入与选定同等数量的工作表。系统默认在选定的工作表左侧插入新的工作表。

2．删除工作表

选定一个或多个要删除的工作表，单击 编辑 菜单→ 删除工作表 （或鼠标右键单击选定的工作表→ 删除 ）。

3．重新命名工作表

方法 1：双击工作表标签，输入新的名字即可。

方法 2：鼠标右键单击要重新命名的工作表标签→ 重命名 ，输入新的名字即可。

3.2　保护/隐藏工作表（簿）

如果在保护工作表或工作簿时设置了密码，只有知道密码的人才能解除保护。密码由小于 255 个字母（区分大小写）、数字、空格和符号组成。

3.2.1　保护/隐藏工作表

1．保护工作表

保护工作表的目的是不允许对工作表中某些或全部单元格进行修改操作。另外，也可以根据需要选择是否允许插入行/列、删除行/列操作等。保护工作表，既可以对整个工作表进行保护，也可以只保护指定的单元格区域。

如果在保护工作表时设置了密码，只有知道密码的人才能取消保护，从而可以防止未授权者对工作表的修改。

为了防止别人修改工作表的某些单元格区域，工作表必须满足以下两个条件：

条件 1：被保护的单元格区域必须处在"锁定"状态。

条件 2：执行 工具 菜单→ 保护 → 保护工作表 。

在默认情况下，工作表中每个单元格都是"锁定"状态。因此，如果要保护整个工作表，直接执行 工具 菜单→ 保护 → 保护工作表 即可。

如果只保护工作表中某些单元格区域，则应该对允许修改的单元格区域执行取消"锁定"。保护工作表的操作步骤如下。

① 选定需要保护（不允许修改）的单元格区域→单击 格式 菜单→ 单元格 → 保护 ，选中"锁定"。

② 选定允许修改的单元格区域→单击 格式 菜单→ 单元格 → 保护 ，放弃选择"锁定"。

③ 单击 工具 菜单→ 保护 → 保护工作表 ，在"保护工作表"对话框做以下操作（见图 3.3）：

● 选中"保护工作表及锁定的单元格内容"；

● 输入密码。如果没有输入密码，不需要输入密码便可以撤消工作表的保护；

图 3.3　"保护工作表"对话框

● 在"允许此工作表的所有用户进行"列表中选中保护工作表后允许用户操作的选项。

④ 单击 确定 。

2．撤消工作表的保护

① 将要撤消保护的工作表成为当前工作表。

② 单击 工具 菜单→ 保护 → 撤消工作表保护 。

如果保护工作表时设置了密码，必须输入密码后才可以撤消对工作表的保护。

3．隐藏工作表

选定要隐藏的工作表，单击 格式 菜单→ 工作表 → 隐藏 。

4．恢复显示隐藏的工作表

单击 格式 菜单→ 工作表 → 取消隐藏 ，在"取消隐藏工作表"列表中选择要显示的工作表名→ 确定 。

3.2.2　保护/隐藏公式

隐藏公式后，在编辑栏和单元格均看不到公式，只能在单元格看到公式的计算结果。

1．保护/隐藏公式

① 选定要隐藏的单元格区域。

② 单击 格式 菜单→ 单元格 ，在"保护"选项卡选中"隐藏"→ 确定 。

③ 单击 工具 菜单→ 保护 → 保护工作表 。

④ 在"保护工作表"对话框选中"保护工作表及锁定的单元格内容"。

2．恢复显示公式

① 单击 工具 菜单→ 保护 → 撤消工作表保护 。

② 选定要取消隐藏其公式的单元格区域。

③ 单击 格式 菜单→ 单元格 ，在"保护"选项卡放弃选择"隐藏"。

3.2.3　保护/隐藏工作簿

1．保护工作簿

保护工作簿的目的是为了禁止删除、移动、重命名或插入工作表，也可以禁止执行移动、缩放、隐藏和关闭工作簿窗口等操作。如果在保护工作簿时设置了密码，只有知道密码的人才能取消保护，从而可以防止未授权者对工作簿和窗口的操作。

保护工作簿的操作如下。

① 单击 工具 菜单→ 保护 → 保护工作簿 ，在"保护工作簿"对话框（见图 3.4）选择以下选项：

● "结构"：选中后，不允许删除、移动、重命名和插入工作表等。

● "窗口"：选中后，不允许移动、缩放、隐藏和关闭工作簿窗口等。

② 输入/放弃输入密码→ 确定 。

图 3.4　"保护工作簿"对话框

2．撤消工作簿的保护

① 将要撤消保护的工作簿成为当前工作簿。

② 单击 工具 菜单→ 保护 → 撤消工作簿保护 。如果保护工作簿时设置了密码，必须输入密码后才可以撤消对工作簿的保护。

3．隐藏工作簿

将要隐藏的工作簿成为当前工作簿，单击 窗口 菜单→ 隐藏 。

4．恢复显示隐藏的工作簿

① 单击 窗口 菜单→ 取消隐藏 。

② 在"取消隐藏工作簿"列表中，选择要显示的工作簿→ 确定 。

3.3　同时显示多个工作表

1．同时显示一个工作簿的多个工作表

在默认情况下，一个工作簿内的所有的工作表在一个窗口打开，通过单击工作表标签显示不同的工作表中的内容。若希望同时看到一个工作簿内的多个工作表，必须事先为要看到的工作表建立一个窗口。操作步骤如下。

① 使要显示多个工作表的工作簿成为当前工作簿。

② 单击 窗口 菜单→ 新建窗口 。

如果要同时看到 3 个工作表窗口，再重复执行一次步骤②操作，也可以反复执行该操作，新建多个窗口。

③ 单击 窗口 菜单→ 重排窗口 。

④ 在"重排窗口"对话框（见图 3.5）的"排列方式"中选择一项，如果只显示当前工作簿中的工作表，应选中"当前活动工作簿的窗口"复选框→ 确定 。

例如，图 3.6 中的"垂直并排"显示一个工作簿的两个工作表窗口，只有一个窗口是活动窗口，单击某个窗口，使该窗口成为当前窗口。

图 3.5　"重排窗口"对话框

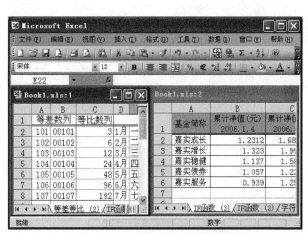

图 3.6　"垂直并排"两个工作表

2. 同时显示多个工作簿的工作表

打开多个工作簿后，同时显示多个工作簿的工作表的操作与上述操作一样，只是放弃选择"当前活动工作簿的窗口"复选框。

3. 恢复为一个窗口

当同时显示多个工作表时，只有一个工作表窗口为活动窗口，并且活动窗口的标题栏有"最大化"按钮。单击"最大化"按钮，恢复只显示一个窗口（活动窗口的工作表）。

3.4 窗口的拆分与冻结

1. 拆分窗口

一个工作表窗口可以拆分为"2 个窗格"或"4 个窗格"（见图 3.7 拆分为 4 个窗格），分隔条将窗格分开。窗口拆分后，能方便地同时浏览一个工作表的不同的部分，因此，"拆分窗口"常用于浏览较大的工作表。拆分窗口的方法如下。

方法 1：鼠标指针指向水平滚动条（或垂直滚动条）上的"拆分条"（见图 1.1），当鼠标指针变成双箭头"÷"（或"+╫+"）时，沿箭头方向拖曳鼠标到适当的位置，松开鼠标即可。拖曳分隔条，可以调整分隔后窗格的大小。

方法 2：鼠标单击要拆分的位置，选择 窗口 菜单→ 拆分 命令，一个窗口被拆分为 4 个窗格。

3	单位: 亿元								
4		国 民	国内生产						人均国内
5		总收入	总 值	第一产业	第二产业	第三产业			生产总值
6	年 份						交通运输	批发与	(元/人)
7							仓储和邮政业	零售业	
8									
9	1978	3645.2	3645.2	1018.4	1745.2	881.6	172.8	265.5	381
10	1979	4062.6	4062.6	1258.9	1913.5	890.2	184.2	220.2	419
11	1980	4545.6	4545.6	1359.4	2192.0	994.2	205.0	213.6	463
33	1998	83024.3	84402.3	14618.0	39004.2	30780.1	5178.4	8084.8	6796
34	1999	88189.0	89677.1	14548.1	41033.6	34095.3	5821.8	8788.6	7159
38	2002	119095.7	120332.7	16238.6	53896.8	50197.3	9393.4	11950.9	9398
39	2003	135174.0	135822.8	17068.3	62436.3	56318.1	10098.4	13480.0	10542
40	2004	159586.7	159878.3	20955.8	73904.3	65018.2	12147.6	15249.8	12336
41	2005	183956.1	183084.8	23070.4	87046.7	72967.7	10526.1	13534.5	14040

图 3.7 "拆分"窗口

2. 取消拆分

取消拆分的方法是：将拆分条拖回到原来的位置或选择 窗口 菜单→ 取消拆分 。

3. 冻结窗口

如果工作表过大，在向下或向右滚动显示时可能看不到表头（例如看不到第一行或第一列的文字），这时可以采用"冻结"行或列的方法，冻结始终要显示的前几行或前几列。例如

图 3.8 中的表有 100 多行数据，为了在向下滚动显示数据的同时看到第一行表头，将第一行冻结。

（1）冻结第一行：选定第二行，单击 窗口 菜单→ 冻结窗口 （见图 3.8）。

（2）冻结前两行：选定第三行，单击 窗口 菜单→ 冻结窗口 。

（3）冻结第一列：选定第二列，单击 窗口 菜单→ 冻结窗口 。

	A	B	C	D	E
1	基金代码	基金简称	单位净值(元)	累计净值(元)	净值增长率%
50	161601	融通新蓝筹	1.0394	1.2244	2.002
51	161603	融通债券	1.055	1.126	2.0309
52	161604	融通深证100指数	0.82	0.98	2.2444
53	161605	融通蓝筹成长	1.043	1.153	1.1639

图 3.8　"冻结窗口"举例[1]

4．撤消冻结

撤消冻结的方法是：单击 窗口 菜单→ 取消冻结窗口 。

习　题

一、选择题

1．在 Excel 中，一个窗口最多可以拆分为（　　）。

    A）2 个窗格　　　　B）4 个窗格　　　　C）6 个窗格　　　　D）任意多个窗格

2．在 Excel 工作簿中，有关移动和复制工作表的说法正确的是（　　）。

    A）工作表只能在所在工作簿内移动不能复制

    B）工作表只能在所在工作簿内复制不能移动

    C）工作表可以移动到其他工作簿内，不能复制到其他工作簿内

    D）工作表可以移动到其他工作簿内，也可复制到其他工作簿内

3．在 Excel 中，使一个工作表成为当前工作表的操作方法是（　　）。

    A）在名称框中输入该工作表的名称

    B）在 窗口 菜单的列表中选中该工作表名称

    C）鼠标单击该工作表标签

    D）在 文件 菜单的列表中选中该工作表名称

4．在 Excel 中，不能将窗口拆分为（　　）窗格。

    A）上下 2 个　　　　B）上下 3 个　　　　C）左右 2 个　　　　D）上下左右 4 个

5．在显示比较大的表格时，如果要冻结表格的前两列，应该先选定表格的（　　）。

    A）第二行　　　　　B）第三行　　　　　C）第二列　　　　　D）第三列

---

[1]　数据来源：中国基金网站 http://www.chinafund.cn/

二、判断题

1．在 Excel 中，同一工作簿中不同的工作表可以有相同的名字。　　　（　　）

2．在 Excel 中，编辑菜单中的删除命令与 Delete 键的功能相同。　　　（　　）

3．在 Excel 中，工作表的标签是系统提供的，不允许用户随便更改。　（　　）

4．在 Excel 中，双击某工作表标签，可以对该工作表重新命名。　　　（　　）

5．如果在 Excel 的工作簿中有多张工作表，工作表之间不允许前后移动。　（　　）

6．在 Excel 中，执行文件菜单→保存命令，只保存当前工作簿中的当前工作表，不保存其他工作表。　　　　　　　　　　　　　　　　　　　　　　　　　（　　）

7．在 Excel 中，可以同时选定多个工作表，且允许同时在多个工作表中输入数据。

（　　）

8．工作表被保护后，允许修改工作表的单元格。　　　　　　　　　　（　　）

9．工作表被保护后，能看到该工作表中的内容。　　　　　　　　　　（　　）

10．工作簿被保护后，所有的工作表不能被修改。　　　　　　　　　（　　）

第 4 章　格式化工作表

4.1　改变数据的显示格式

Excel 为每一种数据类型的数据提供了多种显示格式,例如输入数据 2000 的显示格式有:2000、2,000、￥2,000、$2,000、2.00e03、2000 元、2000 台、002000、2 或 0.002 等等。默认数值型数据的显示格式为"常规"格式,即 2000。

如果直接在数据后面输入"元"或"台"等内容,会使数据成为文本型数据,而不能参加运算。但是可以通过改变单元格的显示格式(不改变单元格的内容),使单元格显示文字信息,不影响数值的大小和计算。

4.1.1　改变/恢复数据的显示格式

1. 快速改变数据的显示格式

在"格式"工具栏有一些改变数据显示格式的按钮。若选定单元格区域后,单击"格式"工具栏上相应的按钮,可改变选定区域中数据的显示格式为所选按钮的格式。

例如,在单元格输入表 4.1 中第一列的数据,单击表 4.1 中第二列的按钮,显示结果在表 4.1 中第三列。

表 4.1　　　　　　　　　　　　　　　"格式"工具栏上的格式按钮

"常规"格式	按钮名称与按钮	改变后的数据格式	说　　明
1210.6	"货币样式"	￥ 1,210.60	
1210.6	"百分比样式"%	121060%	
1210.6	"千位分隔样式"	1,210.60	
1210.6	"增加小数位数"	1210.6000	反复单击，增加多位的小数位
1210.6	"减少小数位数"	1211	反复单击，减少小数位数

2. 改变数据的显示格式为系统定义的显示格式

① 选定要改变显示格式的单元格区域。

② 单击 格式 菜单→ 单元格 → "数字"选项卡。或者鼠标指针指向选定区,单击鼠标右键→ 设置单元格格式 (见图 4.1)。

③ 在"分类"列表中选择数据格式的类别,例如:

● 常规格式：不包含特定的数字格式（默认格式）。

● 数值格式：用于设置一般数字的数值显示。例如是否使用千位分隔符"，"；负数的显示格式，如"–123.45"或"（123.45）"；设置小数点后的位数等。

● 货币格式：用于设置一般货币的数值显示。选择货币符号有"￥"、"$"、"¥"、"€"或"US$"等；设置小数点后的位数等。

● 会计专用格式：同上；小数点对齐等。

● 日期格式：对日期和时间数据显示为日期值和时间值或只显示日期值。例如"××年××月××日"、"××月××日"、"××××-××-××时:分 PM/AM"等。

● 时间格式：对日期和时间数据只显示时间值。

● 百分比格式：将单元格数值×100，并以百分数形式显示。例如输入"5"，改变为百分比格式，显示为"500%"。

● 分数格式：对数值中的小数部分用分数形式显示。例如数据 0.8654 可以显示为 6/7、45/52、3/4、9/10 和 87/100 等格式。

● 科学记数格式：用科学记数形式显示数值型数据。例如"123.9"显示为"1.24E+02"。

● 文本格式：将单元格中的数据转为文本（数字串），自动左对齐。

● 特殊格式：在"区域设置（国家/地区）"下拉列表中选择国家/地区后，在"类型"列表框中会显示相应的特殊类型。

● 自定义格式：用户定义显示格式。见后面"自定义数据的显示格式"的介绍。

④ 在右侧"类型"列表中选中一种格式→确定。

3. 更改"千分位"和"小数"的分隔符

有些国家对"千分位"和"小数"使用的分隔符与我们习惯（默认值）使用的不同或者正好相反，更改"千分位"和"小数"分隔符的操作如下。

① 单击工具菜单→选项，在"国际"选项卡，放弃"使用系统分隔符"选项。

② 在"小数分隔符"和"千位分隔符"框中，键入新的分隔符即可。

4. 恢复数据的显示格式为初始状态

① 选定要清除格式的单元格区域。

② 单击编辑菜单→清除→格式。

要清除某些数据的格式还有其他的操作方法。例如，如果要除去已经添加的货币符号，可以在"数字"选项卡的"分类"列表中选中"常规"格式，或者选中"货币"格式，然后在右侧"类型"列表选中"无"。

4.1.2　自定义数据的显示格式

1. 自定义格式符的约定

如果系统提供的数据格式不能满足需要，可以自己定义格式来显示单元格内的数字、日期/时间或文本等。"自定义数据的显示格式"的操作步骤与"改变数据的显示格式"的操作基本一样，只是在"分类"列表选中"自定义"（见图4.1）。

在设置自定义格式时，最多可以指定以下 4 个部分的格式代码：

正数格式；负数格式；零格式；文本格式。

图 4.1　"数字"选项卡

如果自定义的格式中只有第一部分，则任何值的数据都使用第一部分的格式。如果自定义的格式中有前两个部分，则第一部分格式表示正数和零的格式，第二部分表示负数的格式等。如果要跳过某一部分，则使用分号代替该部分即可。

表 4.2 所示为自定义格式时可能用到的格式符以及格式符的含义。通过理解图 4.2 中的例子，注意 "＃" 和 "0" 格式符的区别。小心使用 "," 和 ",," 格式符，不要认为单元格显示的数值就是单元格实际存储的数值。

表 4.2　　　　　　　　　　　　　　　　常用格式符

格　式　符	含　　　义
＃	显示所在位置的非零数字。不显示前导零以及小数点后面无意义的零
0	同上，如果数字的位数少于格式符 "0" 的个数，则显示无效的零，即显示前导零或小数点后面无意义的零
？	小数或分数对齐（在小数点两边添加无效的零）
,	出现在格式定义的最后位置，数据以 "千" 为单位显示
,,	出现在格式定义的最后位置，数据以 "百万" 为单位显示
"字符串"	显示字符串原样。例如数字 1234 用：#,###.00"元"格式，显示 1,234.00 元
\单字符或 !单字符	在单元格中显示单个字符，在单字符前加 "\" 而 $（或-、+、/、( )、:、!、^、&、'、~、{ }、=、<、> 和空格符）不用双引号也不用 "\"
0*字符	数字格式符后用星号，可使星号之后的字符重复填充整个列宽

如果数据 1234 用：#,###.00\H 格式，显示 1,234.00H

如果数据 1234 用：#,###.00\人民币 格式，显示 1,234.00 人民币，等价#,###.00"人""民""币"格式。

如果数据 1234 用：0*- 格式，显示 1234-----（"-"字符填满整个单元格）。

2．自定义格式举例

在图 4.2 中的前 7 行是有关使用 "0" 和 "＃" 格式符例子，从第 8 行到第 11 行是日期和电话号码格式符的例子。

例如，在图 4.2 的第 3 行描述了第 4 行～第 7 行数据所应用的数据格式。虽然每一行存放的是相同的数据，但是由于应用了不同的格式（格式符在第 3 行），单元格中显示的结果截然不同。通过观察第 4 行～第 7 行数据的显示格式，理解第 3 行格式符的含义。

	默认格式	自定义后的数据格式与数据显示						
含义	常规格式	显示2位小数	只显示整数	前导零控制整数位数	小数为零不显示	小数点对齐	"千"为单位	"百万"为单位
格式符		#,##0.00	#,##0	000.0	¥#.#	.??	#,##0.0,	#,##0.0,,
输	1234.567	1,234.57	1,235	1234.6	¥1234.6	1234.57	1.2	0.0
入	0.0856	0.09	0	000.1	¥.1	.09	0.0	0.0
数	12.7	12.70	13	012.7	¥12.7	12.7	0.0	0.0
据	5	5.00	5	005.0	¥5.	5.	0.0	0.0

A	B	C	D	E
日期的默认格式	2004/5/1	默认格式	自定义格式	
应用日期格式后可显示为:		"常规"格式	"Tel:########"(○)格式	
2004年5月1日	1-May-04	64495001	Tel:64495001(O)	
二○○四年五月一日	5/1/04	64495002	Tel:64495002(O)	

#,##0.0,"千元"
1.2千元
改变自定义格式

图 4.2　自定义数据格式的举例

例如，在图 4.2 中 G 列的"？"格式符，实现数据列的小数点对齐。

例如，在图 4.2 中 H4 输入数据：1234.567"，用"#,##0.0,"格式后，改变了数据的显示格式为"1.2"，实际上单元格内的数值并没有变。如果将 H4 的数据"1234.567"的格式改成"#,##0.0,"千元""，则单元格显示"1.2 千元"。

例如，在图 4.2 中的 A10:B11 输入同样的日期后，应用不同的日期格式，显示的日期格式是不一样的。

例如，在图 4.2 中的 D10 和 E10 输入同样的电话号码 64495001 后，显示的结果不一样。这是因为 D10 为"常规"格式，E10 为自定义格式（格式描述在 E9 单元格）。

另外，为了突出显示负数，可以定义"负数"用红色显示。

例如选定一个数据区，定义格式为"#,##0.00;[红色]-#,##0.00"。只要在这个数据区输入负数，就用红色显示。其中颜色名称必须放在所定义部分的前面。其他的颜色名称还有[黑色]、[蓝色]、[蓝绿色]、[绿色]、[洋红色]、[白色]和[黄色]等。

3．删除自定义的格式

如果删除了某个自定义的格式，已经应用该格式的单元格会自动为"常规"格式。删除自定义格式的操作如下。

① 单击格式菜单→单元格，在"数字"选项卡的"分类"列表中选择"自定义"。

② 在"类型"列表框中选择要删除的自定义格式→单击删除按钮。

4.2　数据的格式修饰

4.2.1　数据的格式修饰

数据的格式修饰包括改变数据的字体、字形、字号和颜色等。最简便的方法是：选定单元格区域后，若文字加粗，单击 B 按钮；若文字加斜，单击 I 按钮；若文字加下划线，单击 U 按钮；若文字加颜色，单击 A 按钮。另外也可以用下面的操作实现数据的格式修饰。

① 选定单元格区域。

② 单击格式菜单→单元格→"字体"选项卡。

③ 在"字体"选项卡可以改变选定的单元格数据的字体、字形、字号、文字颜色、加下划线和删除线，也可以将选定的文字设置为上标或下标等。

4.2.2　条件格式

"条件格式"用于为满足条件的单元格数据设置特定的文字格式、边框和底纹。例如在图 4.3（a）中，根据贷款额的多少用不同的文字颜色和边框加以标识。为单元格区域设置条件格式的操作是：

选定单元格区域，单击 格式 菜单→ 条件格式 ，在"条件格式"对话框设置即可（见图 4.3（b））。

【例 1】　根据图 4.3（a）中 C 列"贷款额"值的大小改变显示格式为：

- 小于 100 的数字用蓝色标识；
- 100～1000 的文字加粗，底色为灰色；
- 大于 1000 为红色文字加粗斜。

操作步骤如下。

① 选定 C2:C11，单击 格式 菜单→ 条件格式 。

② 在"条件格式"对话框做以下设置（见图 4.3（b））：

- 条件 1："小于"，100，单击 格式 →"字体"选项卡，"颜色"为"蓝色"→ 确定 ；
- 条件 2："介于"，100，1000，单击 格式 →"图案"选项卡，"颜色"为"灰色"；"字体"选项卡，"字形"为"加粗"→ 确定 ；
- 条件 3："大于"，1000，单击 格式 →"字体"选项卡，"颜色"为"红色"，"字形"为"加粗倾斜"→ 确定 。

③ 确定 （结果见图 4.3（a）的 C 列）。

也可以用"查找/替换"功能实现有条件的格式设置。

（a）条件格式应用举例　　　　　　（b）"条件格式"对话框

图 4.3　"条件格式"对话框与条件格式应用举例

4.3　表格的格式修饰

4.3.1　调整行高/列宽

1. 自动调整最合适的行高、列宽

（1）自动调整最合适的行高：选定若干行后→单击 格式 菜单→ 行 → 最适合的行高 。

（2）自动调整最合适的列宽：选定若干列后→单击 格式 菜单→ 列 → 最适合的列宽 。

2．手动调整行高、列宽

（1）调整行高：鼠标指针指向"行标号"之间的分隔处，当鼠标指针变成双箭头"⇳"时，向上或向下拖曳分隔线改变行高。如果同时选定了多行后，拖曳其中一个分隔线，选定的所有行的行高均被调整为同样的行高。

（2）调整列宽：鼠标指针指向"列标号"之间的分隔处，当鼠标指针变成双箭头"╫"时，向左或向右拖曳分隔线改变列宽。如果同时选定了多列后，拖曳其中一个分隔线，选定的所有列的列宽均被调整为同样的宽度。

3．精确调整行高、列宽

（1）调整行高：选定一行或多行→单击 格式 菜单→ 行 → 行高 →键入行高数值→ 确定 。

（2）调整列宽：选定一列或多列→单击 格式 菜单→ 列 → 列宽 →键入列宽数值→ 确定 。

4.3.2　隐藏行/列/标号

在打印输出时，被隐藏的行/列不会出现在打印纸上。因此，有时为了不打印某些行或列，将它们隐藏起来。如果某个公式引用的单元格被隐藏，并不会影响公式的计算结果。

1．隐藏行/列

① 选定要隐藏的一行（列）或多行（列）。

② 单击 格式 菜单→选择 行 或 列 → 隐藏 。

2．恢复显示被隐藏的行/列

① 选择包含被隐藏的行（列）两侧的行（列）。

② 单击 格式 菜单→ 行 或 列 → 取消隐藏 。

如果被隐藏的行/列包含首行（首列），例如包含第一行，上述步骤①改为在"名称框"输入 A1，按回车键，再执行步骤②。如果要显示被隐藏的第一行至第三行，上述步骤①改为在"名称框"输入 A1:A3，按回车键，再执行步骤②。

若要显示所有被隐藏的行（列），单击"全选"按钮（见图 1.1），然后再执行上述的步骤②。

实际上，被隐藏的行高度/列宽度为零。因此，为了恢复显示被隐藏的行/列，可以将鼠标指针移动到被隐藏的行（列）标号的分隔线上，当鼠标指针变为"⇳"或"╫"时，拖曳鼠标指针，也可以显示被隐藏的行/列。

3．隐藏行号/列标、工作表标签

为了美化显示屏幕，可以隐藏行号、列标、工作表标签、滚动条等。操作方法是：

单击 工具 菜单→ 选项 ，在"视图"选项卡，放弃选择"行号列标"、"工作表标签"或"垂直滚动条"、"水平滚动条"等。注意：隐藏工作表标签并不是隐藏工作表。

4.3.3　对齐方式与合并单元格

1．水平、垂直对齐

（1）快速改变数据的水平对齐方式

选定单元格区域，单击"格式"工具栏上的"左对齐"按钮▤、"中对齐"按钮▤或"右对齐"按钮▤。

（2）改变数据的水平对齐和垂直对齐方式

选定单元格区域，单击 格式 菜单→ 单元格 →在"对齐"选项卡中选择一种"垂直"和"水平"的对齐方式。

2．恢复数据默认的对齐方式

单击 格式 菜单→ 单元格 ，在"对齐"选项卡的"水平对齐"下拉列表框中，选择"常规"。

3．"合并及居中"对齐方式

"合并及居中"对齐方式，实际上是实现将选定的多个横向和纵向的相邻单元格合并为一个单元格，同时单元格内的数据居中显示。设置"合并及居中"对齐方式的方法是：

选定单元格区域（两个或两个以上的单元格），单击"合并及居中"按钮 。

4．取消"合并及居中"对齐方式

选定合并后的单元格，单击 格式 菜单→ 单元格 ，在"对齐"选项卡放弃选择"合并单元格"。

4.3.4 边框/底纹

1．添加/删除边框线

在默认情况下，如果没有添加表格的边框线，则不打印表格的边框线。如果希望在没有添加边框线的情况下，打印表格的边框线，最简便的操作方法是：选择 文件 菜单→ 页面设置 →在"工作表"选项卡选中"网格线"。

下面是两种常用的添加/删除边框线的方法。

方法 1：

① 选定要添加/删除边框的单元格区域。

② 单击"格式"工具栏"边框" 右侧的 按钮（见图 4.4（a）），若选择：

- （无框线）按钮：去除选定区域的所有框线；
- 田（所有框线）按钮：选定区域添加框线；
- （外框线）按钮：只在选定区域的外框上添加边框线；
- （下框线）按钮：只在选定区域最下面添加边框线。

方法 2：

① 选定要添加边框的单元格区域，单击 格式 菜单→ 单元格 →"边框"选项卡。

② 首先选择一种线条"样式"（包括单线、双线等）、选择线条"颜色"，然后单击相应的"边框"按钮来添加边线。反复执行此操作。

2．底纹

底纹包括单元格的背景色和背景色上的图案（条纹、点等）。添加底纹的操作如下。

① 选定单元格区域，单击 格式 菜单→ 单元格 →"图案"选项卡。

② 在"颜色"中选择单元格的背景色，在"图案"中选择底纹和底纹的颜色。

4.3.5 手动绘制边框

1．手动添加边框

① 单击"格式"工具栏中的"边框"按钮 右侧的 按钮，选择"绘制边框"，或鼠标

右击任何一个工具栏，选择"边框"，显示"边框"工具栏。见图 4.4（b）。

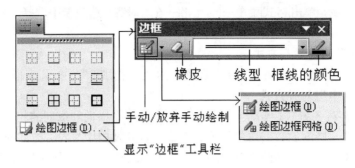

（a）添加/删除边框　　　　　　　　　（b）"边框"工具栏

图 4.4　手动绘制"边框"工具

② 在"边框"工具栏上选择一种"线型"和"框线的颜色"。

③ 单击"边框"工具栏中的"绘制边框"按钮，进入"手动"绘制边框的状态，鼠标指针是一支笔，可以随意在工作表上绘制表格的边框线。如果选中"绘图边框网格"，可同时绘制内外边框线。若再次单击按钮，则退出"手动"绘制边框的状态。

2．手动删除边框

单击"边框"工具栏上的"擦除边框"按钮（橡皮），进入"手动"擦除边框状态，鼠标指针就像一块橡皮，鼠标指针所到之处可擦除框线。若再次单击按钮，则退出"手动"擦除边框状态。

如果在"手动"绘制边框的状态下，按住 Shift 键不放，鼠标指针为橡皮，拖曳鼠标也可以擦除框线，松开 Shift 键又可以绘制边框线。

4.3.6　自动套用表格的格式

Excel 提供了一些常用的表格样式，可以根据需要从中选择一种表格样式"套"在选定的区域上。使用自动套用表格的操作方法是：

选定单元格区域→单击 格式 菜单→ 自动套用格式 ，在列表中选择一种样式。可以套用一个完整的样式，也可以单击选项只套用其中一部分。

4.4　插入图片、艺术字

在 Excel 中插入的图片和艺术字都是以对象的形式出现的，可以把它们放在工作表的任何位置。

1．插入图片对象

常用的插入图片的方法是：在其他绘图软件或因特网上选定图片，鼠标右击图片选择"复制"，在 Excel 中选择"粘贴"。

2．插入图片文件

① 单击"绘图"工具栏上的"插入文件中的图片"按钮。

② 在"插入图片"窗口选择图片所在的文件夹，单击要插入的图片文件，再单击 插入 ，图片文件内容以对象的形式插入在当前工作表中。

3．编辑图片

● 放大/缩小图片：单击图片会在图片的四周边缘出现"控点"（黑色小方块），用鼠标拖曳"控点"可放大或缩小图片。

● 用"图片"工具栏可以对图片进行剪裁、增加/降低对比度、增加/降低亮度、旋转等操作。例如，剪裁图片的操作是，单击图片，再单击"图片"工具栏上"剪裁"按钮，再向内拖曳图片上的"控点"。

● 删除图片：单击图片，按 Delete 键。

4．插入艺术字

① 单击 插入 菜单→ 图片 → 艺术字 （或单击"绘图"工具栏中的"插入艺术字"按钮 ）。

② 选择一种艺术字式样→ 确定 。

③ 在"编辑艺术字文字"对话框中输入文字→ 确定 。

5．编辑艺术字

① 选定艺术字：单击"艺术字"，在艺术字四周出现"控点"。

② 用"艺术字"工具栏对艺术字进行以下编辑：

● 鼠标向内或外拖曳艺术字的"控点"，放大或缩小艺术字或改变艺术字的方向。

● 单击"编辑文字"按钮：更改艺术字的文字。

● 单击 （艺术字库）按钮：更改艺术字的式样。

● 单击 （设置艺术字格式）按钮：更改艺术字的颜色。

● 单击 （艺术字形状）按钮：更改艺术字的形状。

● 单击 ：改变艺术字字符的间距。

4.5　定位、查找与替换

Excel 提供的查找功能实际上是对找到的内容定位，然后修改或自动替换找到的内容或格式。

1．通配符

通配符可作为查找、筛选或替换内容时的比较条件，Excel 约定的通配符的含义见表 4.3。

表 4.3　　　　　　　　　　　　　**通配符**

通　配　符	含义（可代替的字符）	举　　例
？（问号）	代表任意单个字符	例如，？大，可查找"张大维"、"李大卫"、"陈大为"等
＊（星号）	代表任意多个字符	例如，"＊银行"可查找"中国银行"，"中国建设银行"等
～（波形符）后跟 ？、＊ 或 ～	代表问号、星号或波形符	

2．定位、查找与替换

定位、查找与替换是指在指定的范围内查找指定的内容，找到后，定位在找到的内容处，可以替换找到的内容，或者只替换找到的内容的格式，然后继续查找和替换。

对要查找和替换的内容都可以限定格式（指定格式）或不限定格式（任意格式均可）。

定位、查找与替换的操作步骤如下。

① 选定要查找的单元格区域（如果要在整个工作表中查找，单击任意一个单元格）。

② 单击 编辑 菜单→ 查找 。

③ 查找内容与格式设置：

● 如果查找指定的内容，在"查找内容"框中输入要查找的内容（可使用通配符）；如果只查找某种格式的单元格，清除"查找内容"框内的内容。

● 如果要指定查找的格式，单击 选项 按钮（展开"查找和替换"对话框。见图 4.5），单击 格式 按钮，在"查找格式"对话框中选择指定的格式。

④ 替换内容与格式设置：

● 如果对查找到的内容替换为其他的内容，在"替换为"框中输入要替换的内容。若只替换格式不替换内容，清除"替换为"中的内容。

● 如果要为替换的内容指定格式，则单击 格式 按钮，在"替换格式"对话框中设置格式。

⑤ 选择下列之一：

● 查找全部：在"查找和替换"对话框的下面列出找到的所有结果（见图 4.5），如果单击结果列表中的一项，光标定位到该项在工作表中的位置。

● 查找下一个：反复单击 查找下一个 ，光标依次定位到找到的下一个结果位置。

● 全部替换：将找到的内容，替换为在"替换为"中输入的内容，以及在格式中设置的格式。

【例 1】 在图 4.5（a）所示的数据表 B 列查找包含"债券"两个字的单元格，将找到的单元格的格式改为："黑色"底纹，"白色"文字（见图 4.5（a））。

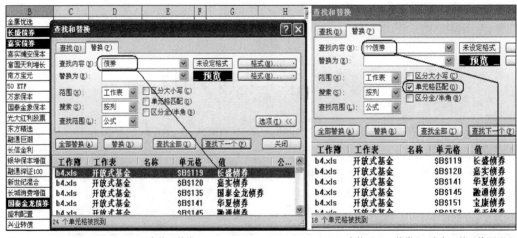

（a）查找"债券" （b）查找"××债券"，选中"单元格匹配"

图 4.5 "查找与替换"对话框[1]

操作步骤如下。

① 选定 B 列，单击 编辑 菜单→ 替换 。

② 在"查找内容"框中输入"债券"。

---

[1] 数据来源：中国基金网站 http://www.chinafund.cn/

③ 单击"替换为"后面的格式按钮，设置"黑色"底纹，"白色"文字。

④ 单击选项按钮，展开对话框，范围选"工作表"；搜索选"按列"。

⑤ 单击查找全部按钮，在对话框的下面显示找到的含有"债券"的记录行信息，同时在"状态栏"显示找到 24 个记录。

⑥ 单击全部替换按钮，将含有"债券"的单元格改"黑色"底纹，"白色"文字。

【例 2】 在图 4.5（a）所示的数据表 B 列查找第三和第四字为"债券"，前两个字为任意文字。

① 同例 1。

② 在"查找内容"输入"??债券"，选中"单元格匹配"。

其余操作与例 1 一样。

图 4.5（b）显示一共找到 18 个符合条件的记录（见图 4.5（b）对话框下面的列表与状态栏）。

习　题

一、选择题

1. 在 Excel 工作表中，为了使选定的单元格的内容显示在单元格的中心位置，应（　　）。

　　A）单击合并及居中按钮

　　B）单击中对齐按扭

　　C）单击两端对齐按钮

　　D）用格式菜单→单元格→"对齐"选项卡来实现

2. 为了恢复单元格的格式为系统默认的格式，应该在选定单元格后，（　　）。

　　A）按 Delete 键　　　　　　　　　　B）在编辑菜单选择删除

　　C）在编辑菜单选择清除　　　　　　　D）在编辑菜单选择剪切

3. 在 Excel 工作表中，当某列数据被隐藏显示后，（　　）。

　　A）若该列数据已被其他单元格中的公式引用，不参与运算

　　B）在打印工作表内容时，该列数据的内容将不会打印出来

　　C）若该列数据已被选作图表的数据列，相应图表中的数据系列也会被隐藏显示

　　D）可以用视图菜单中的命令恢复显示

4. 改变 Excel 工作表某个单元格的显式格式为"000.00"，如果该单元格的值为"23.785"，则显示为（　　）。

　　A）023.78　　　　　　B）023.79　　　　　　C）023.785　　　　　　D）024

5. 已知某个单元格的格式已经设置为"百分比"格式（不考虑小数位），如果向该单元格输入"25"后，则（　　）。

　　A）编辑栏和单元格都显示为 2500.00%

　　B）编辑栏显示为 0.25，单元格显示为 25.00%

　　C）编辑栏和单元格都显示为 25.00%

　　D）编辑栏显示 2500，单元格显示为 2500.00%

二、应用题

1. 在 Excel 中练习建立"年度考勤表"，并格式化表格，如图 4.6 所示。

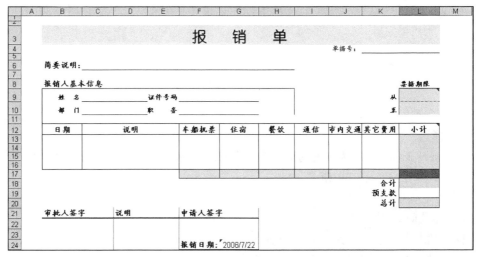

图 4.6　年度考勤表

2. 在 Excel 中练习建立"报销单"，并格式化表格，如图 4.7 所示。

图 4.7　报销单

第 5 章　图表与打印输出

在 Excel 中，图表是以图形的方式描述工作表中的数据。图表能更直观清楚地反映工作表中数据的变化和趋势，帮助我们快速理解和分析数据。

5.1　图表的类型与组成

5.1.1　图表类型

Excel 提供了十几种标准的图表类型。每一个图表类型又细分为多个子类型，可以根据分析数据的目的不同，选择不同的图表类型描述数据。下面介绍几种常用的图表类型。

（1）柱形图：用矩形的高度描述各个系列数据的大小或频数，以便对各个系列数据进行直观的比较。分类数据位于横轴，数值数据位于纵轴。

（2）条形图：是柱形图的图形顺时针旋转 90°，分类数据位于纵轴，数值数据位于横轴。

（3）折线图：是将同一个系列的数据表示的点（等间隔）用直线连接。能直观地观察每一个数据系列的变化趋势，用于比较不同的数据系列以及变化的趋势。

（4）饼图：用圆形和圆形内的扇形面积描述一个数据系列中的每一个数据占该系列数值总和的比例。

（5）面积图：类似折线图。能直观地观察每一个数据系列的变化幅度，但是强调数值的量度（幅度）。通过显示总和可以显示部分与整体的关系。

（6）XY 散点图：用于比较数据系列中数据分布和变化情况。

（7）圆环图：圆环图与饼图很相似，描述一个数据系列中的每一个数据占该系列数值总和的比例。圆环图中每一个环描述一个数据系列，因此圆环图能同时描述多个数据系列。

（8）股价图：用于描述股票价格的走势。

另外还有曲面图、圆柱图、圆锥图和棱锥图等。

5.1.2　图表的组成

一个图表主要由以下部分组成。

（1）图表标题：描述图表的名称，一般在图表的顶端，可有可无。

（2）坐标轴与坐标轴标题：坐标轴标题是 X 轴和 Y 轴的名称，可有可无。

（3）图例：包含图表中相应的数据系列的名称和数据系列在图中的颜色。

（4）绘图区：以坐标轴为界的区域。

（5）数据系列：一个数据系列对应工作表中选定区域的一行或一列数据。

（6）网格线：从坐标轴刻度线延伸出来并贯穿整个"绘图区"的线条系列，可有可无。

5.2　创　建　图　表

5.2.1　内嵌图表与独立图表

"内嵌图表"与"独立图表"创建的方法基本相同，主要的区别是它们存放的位置不同。

1．内嵌图表

内嵌图表是指图表作为一个对象与其相关的工作表数据存放在同一工作表中。图表对象可以放在与其相关的数据工作表中的任何位置，也可以复制到当前工作簿中的其他工作表中。

2．独立图表

创建独立图表后，独立图表以一个工作表的形式插在工作簿中，并且默认的第一个图表所在的工作表的名字是"Chart1"。在打印输出时，独立工作表占一个页面。对独立图表的移动、复制和删除操作，与对一般工作表的操作一样。

5.2.2　创建常用图表

下面以创建图表对象为例介绍如何创建图表。若要创建独立的图表，则需要按"向导"操作到最后一步选中"独立图表"。

下面通过实例介绍常用的直方图、饼图和折线图的创建，创建其他图表的方法类似。

【例 1】　如果某个人购买了一些开放式基金，并且采集了它们的单位净值和累计净值，如表 5.1 所示。现在希望通过图表的形式描述表 5.1 中开放式基金的累计净值（C 列）。

表 5.1　　　　　　　　　　**开放式基金净值表（2006 年 7 月 7 日）[1]**

	A	B	C
1	基金简称	单位净值（元）	累计净值（元）
2	上投优势	2.0687	2.0887
3	景顺长城内需	1.926	2.016
4	广发小盘	1.8877	1.9877
5	上投摩根股票	1.8708	1.9108

为了能直观地对比各个基金的累计净值，下面用直方图来描述。操作步骤如下。

① 选定要创建图表的数据区域（例如选定表 5.1 中 A1:A5 和 C1:C5）。

② 单击"常用"工具栏"图表向导"按钮　（或选择 插入 菜单→ 图表 ）。

③ 单击 下一步 ，在"图表类型"对话框中选择一种图表类型（例如选择"柱形图"，"三维簇壮柱形图"子图）。

④ 单击 下一步 ，在"图表源数据"对话框中可重新选定数据区、改变数据系列为"行"或"列"。

⑤ 单击 下一步 ，在"图表选项"对话框中可输入图表标题和坐标轴标题；是否显示网

---

[1]　数据来源：中国基金网站 http://www.chinafund.cn/

格线；设置图例的位置；是否显示数据系列的名称和值；在显示图表的同时是否显示表格数据等（例如输入图表标题"开放式基金净值（元）"）。

⑥ 单击下一步，在"图表位置"对话框中选择图表是"作为其中的对象插入"即"内嵌图表"，或"作为新工作表插入"即"独立图表"（例如选中"作为其中的对象插入"）→完成。

经过以上操作步骤，创建的图表如图 5.1 所示。其中有些对象经过格式修饰，相关的内容见后面介绍。

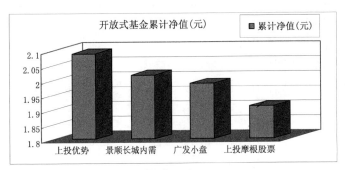

图 5.1　柱形图

【例 2】　表 5.2 所示为某基金公司的单位净值与累计净值。为了直观地观察每一个数据系列的变化趋势，下面通过建立折线图来描述。

表 5.2　　　　　　　　　　　　某基金公司的净值表[1]

	05/9/30	05/12/30	06/3/31	06/6/1	06/07/07
单位净值	1.209	1.0646	1.416	1.858	1.78
累计净值	1.34	1.2146	1.547	2.019	2.061

创建图 5.2 所示折线图的操作步骤如下。

① 选定表 5.2 中的所有单元格。

② 单击"常用"工具栏上的按钮→选择"折线图"。

③ 单击下一步→数据系列选"行"。

④ 单击下一步→在"标题"选项卡输入图表标题"基金净值表"；在"坐标轴"选项卡的主坐标轴选中"分类"→完成。

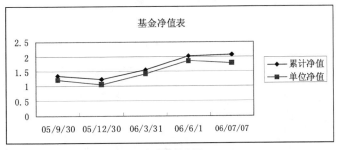

图 5.2　折线图

【例 3】　表 5.3 所示为北京地区 2005 年生产总值表，为了直观地比较 3 个产业占总产值

---

[1]　数据来源：中国基金网站 http://www.chinafund.cn/

的比例，下面通过创建"饼图"来描述（饼图只有一个数据系列）。

表 5.3	北京地区 2005 年生产总值表[1]
	北京地区生产总值（单位：亿元）
第一产业	97.7
第二产业	2100.5
第三产业	4616.3

创建图 5.3 所示饼图的操作步骤如下。

① 选定表 5.3 中的所有单元格。

② 单击 ▆▆ →选择"饼图"→"三维饼图"。

③ 单击 下一步 → 下一步 →在"图表选项"对话框"数据标志"选项卡选中"百分比"→ 完成 。

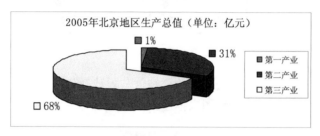

图 5.3 饼图

图表创建完成后，对图表的一些细节的描述还可以通过编辑图表来完成。例如对饼图中每个区域的颜色和位置等，可以通过编辑图表进一步来调整。

【例 4】 图 5.4 所示的工作表是银行某分理处 5 个储蓄所 4 个季度的存款汇总表，为了直观地比较储蓄所每个季度的业绩，以及年度业绩，下面用"堆积柱形图"来描述。

操作步骤如下。

① 选定 B3:F8。

② 单击 ▆▆ →选择"柱形图"中的"堆积柱形图"。

③ 鼠标指针指向堆积柱形图柱上的一个区域，单击鼠标右键→ 数据系列格式 。

④ 在"数据标志"选项卡选中"值"；在"选次"选项卡选中"系列线"；在"图案"选项卡选择图的底色等。

⑤ 反复执行③和④将所有柱块都添加"数据标志"。

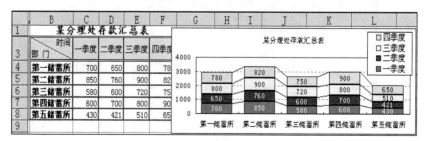

图 5.4 堆积柱形图

[1] 数据来源：中华人民共和国国家统计局网站 http://www.stats.gov.cn/

5.2.3　创建/修饰组合图表

组合图表是在一个图表中使用了两种或多种图表类型，是不同的图形的重叠效果，主要用于描述不同类型的信息，同时比较它们之间的关系。

1．创建组合图表

例如图 5.7 用了两种不同的图表类型，柱形图描述"居民人民币储蓄存款余额"，折线图描述"比上一年末增长"率。下面以表 5.4 为例介绍创建组合图表的操作步骤。

表 5.4　　　　　　　　　　居民人民币储蓄存款余额与增长速度[1]

	2001	2002	2003	2004	2005
居民人民币储蓄存款余额（亿元）	73762	86911	103618	119555	141051
比上一年末增长（%）	14.7	17.8	19.2	15.4	18

① 选定表 5.4 中的所有单元格。

② 单击"常用"工具栏中的 ▮▮ 按钮→选择"自定义类型"选项卡。

③ 选择"线–柱形图"，单击 下一步 →数据系列选"行"，单击 下一步 。

④ 在"图表选项"对话框（见图 5.5）做以下操作：

● "标题"选项卡：在"图表标题"文本框中输入"居民人民币储蓄存款余额与增长速度"。

● "坐标轴"选项卡：在"次坐标轴"选中"数值（Y）轴"复选框（选中后，显示右侧 Y 轴）。

⑤ 单击 完成 。

用以上操作建立的图表如图 5.5"图表选项"对话框中右侧的预览所示。要建立如图 5.7 所示的图表还需要进一步对图表进行修饰。

图 5.5　"图表选项"对话框

2．修饰组合图表

下面以图 5.7 为例介绍修饰组合图表的操作步骤。

---

[1]　数据来源：中华人民共和国国家统计局网站 http://www.stats.gov.cn/

第一步：改变右侧"次坐标轴"的"刻度"。

① 鼠标指针指向图表右侧的坐标轴，单击鼠标右键，选择"坐标轴格式"（或者鼠标单击图表后，在图表工具栏"图表对象"下拉列表框内选中"次数值轴"，单击"坐标轴格式"按钮 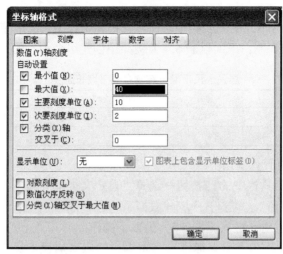 ）。

② 在"坐标轴格式"对话框中，"刻度"选项卡"最大值"输入"40"（见图 5.6）。

图 5.6 "坐标轴格式"对话框

第二步：显示折线图数据标志。

① 鼠标双击折线图中的"控点"，打开"数据系列格式"对话框（或者在"图表"工具栏的"图表对象"下拉列表框中，选中"系列"比上一年末增长""，单击"数据系列格式"按钮 ）。

② 在"数据系列格式"对话框的"数据标志"选项卡中选中"值"→ 确定 。

第三步：改变折线图数据标志的颜色为白色。

① 在"图表"工具栏的"图表对象"下拉列表框中，选中"比上一年末增长"数据标志。

② 单击"图表"工具栏"数据系列格式"按钮 ，在"数据标志格式"对话框中将字体颜色改为"白色"→ 确定 。

最后在图表中用鼠标调整显示的数据系列数据的位置，通过拖曳图表的控点调整图表的高度和宽度。

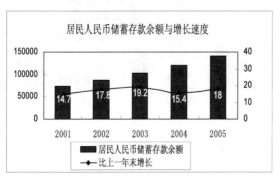

图 5.7 线—柱图

5.3 图表编辑与格式修饰

建立图表后，需要注意的是：若重新修正了工作表中的数据，与之对应的图表也会自动更新。反之，如果改动图表中有关描述数据信息的图形大小，与之相关的工作表中的数据也会随之改变。也就是说，图表中的数据系列始终与数据表中的数据是一致的。因此，在编辑图表时最好不要拖曳描述数据系列的部分。如果删除数据表中的数据系列，与之对应图表中的数据系列会同时消失。反之删除图表中的某个数据系列，则不会影响工作表中对应的数据系列。

5.3.1 图表编辑

1．选定图表

单击图表后，若在图表的四周出现"控点"，则已经选定了图表。

选定图表后，会看到菜单栏有了变化，原来的"数据"菜单变成"图表"菜单。而"格式"菜单中的命令不是固定的，总是与选定的对象有关。

2．编辑图表

鼠标右键单击要编辑的图表，在弹出的菜单中可以选择"图表类型"、"数据源"、"图表选项"和"位置"等命令，它们的功能与"创建图表"时依次打开的对话框一样，根据需要选择其中一项。

例如，添加图表的"标题"或添加"饼图"上的数据标志：鼠标右击图表→图表选项。

例如，改变数据系列：鼠标右击图表→数据源。

3．删除图表

（1）删除图表对象：单击图表，按 Delete 键。

（2）删除独立图表：将要删除的图表成为当前工作表，单击 编辑 菜单→删除工作表。

4．移动/复制图表

（1）移动/复制图表对象

● 移动图表：选定图表，用鼠标拖曳图表。

● 复制图表：按 Ctrl 键的同时拖曳图表。

（2）移动/复制独立图表

移动/复制独立图表与移动/复制工作表的操作一样，见有关工作表的移动与复制。

5．调整图表/绘图区/图例的大小

（1）调整图表对象的大小

选定图表，向内或外拖曳图表边框的"控点"，可放大或缩小图表。

（2）调整独立图表的大小

独立图表独占一个工作表，若要改变图表的显示比例，可以在"常用"工具栏的显示比例框中输入显示的比例。例如输入 60，改变显示比例为原来大小的 60%。但是，在打印输出时仍然占满页面，没有任何改变。若要改变打印的比例，见有关打印独立图表的介绍。

（3）调整绘图区、图例的大小

选定图表，在"图表"工具栏的"图表对象"列表中选择"绘图区"或"图例"，会在"绘图区"或"图例"四周出现"控点"，向内或外拖曳"控点"改变大小。

5.3.2　图表的格式修饰

为了达到好的视觉效果，可以选定图表中任意一个对象，并对其进行格式修饰。

方法 1：

（1）单击图表，在"图表"工具栏的"图表对象"列表中选择要修饰的图表对象。

（2）在格式菜单选择第一个与所选对象名一致的命令，在弹出的对话框中可对选定的对象进行字体和图案的格式修饰等。

方法 2：

鼠标右键单击要修饰的对象，选择 ××格式命令。

例如，

● 改变"标题"文字格式：鼠标右击"标题"→图表标题格式。

● 改变"坐标轴"文字格式：鼠标右击"坐标轴"处→坐标轴格式。

● 改变某个数据系列的颜色：鼠标右击数据系列中要改变颜色的图形区域内→数据系列格式。

另外，在"数据系列格式"对话框还可以改变数据系列在图例中的次序（如例 2 中"累计净值"在前），可以添加数据标志的值和系列线（如例 4 图表）等。

如果要把"饼图"的某个"扇区"从"饼"中分离，只要单击这个扇区的中心处，当"扇区"边框线出现控点，向外拖曳"扇区"即可（如例 3 所示）。

5.3.3　调整柱形图数据标志间距与应用举例

创建柱形图后，可以根据需要调整"柱"之间的距离、"柱"的形状等。操作方法是：

（1）单击图表中需要更改的数据系列，数据系列上会出现控点。

（2）格式菜单→数据系列，在"数据系列格式"对话框的"选项"选项卡可改变柱形图中数据标志的间距等。

表 5.5　　　　　　　　　　　　　　　**2006 年二季度消费者调查表**[1]

	四　月　份	五　月　份	六　月　份
消费者信心指数（%）	93.8	93.8	94.1
对当前经济状况满意程度指数（%）	89.9	90.1	90

【例 1】　创建图 5.8 中的柱形图。

① 选择表 5.5 中的所有单元格。

② 单击"常用"工具栏上的■按钮→选择"柱形图"→"簇状柱形图"→确定。

③ 单击图表，在"图表对象"中选中一个数据系列，单击"图表"工具栏上的"数据系

---

[1]　数据来源：中华人民共和国国家统计局网站 http://www.stats.gov.cn/

列格式"按钮。

④ 在"选项"选项卡中改变数据重叠的比例。

【例 2】　创建图 5.9 中的圆柱图。

① 与创建一般的图表操作一样，只是图表类型选择"圆柱图"。

② 鼠标右键单击其中的圆柱，选择"数据系列格式"，在"数据标志"选项卡选中"值"。

③ 鼠标右键单击柱形图上的"数值"，选择"数据标志格式"，改变数据的文字颜色为"白色"，图案为"黑色"。

④ 再将每一个值拖到柱子中适当的位置。

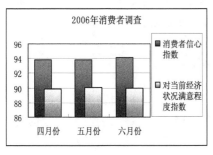

图 5.8　柱形图"重叠"显示

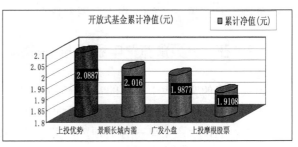

图 5.9　"圆柱"形状的柱形图

5.3.4　在图表中显示/隐藏数据表

如果图表为柱形图、折线图或面积图等，可以在显示图表的同时显示对应的数据表。在默认情况下，图表中不显示数据表。显示数据表的操作如下。

① 选择要添加数据表的图表。

② 单击 图表 菜单→ 图表选项 ，选择"数据表"选项卡，选中"显示数据表"，结果见图 5.10。

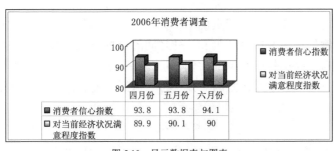

图 5.10　显示数据表与图表

5.4　视图与打印设置

在 Excel 中，有以下 3 种常用的视图：

（1）"普通"视图：默认视图，适于显示、编辑工作表等操作。

（2）"分页预览"：不能看到打印的实际效果，但是能显示打印页面中的每一页中所包含的行和列。在该视图下，可以通过调整"分页符"的位置来设置每一页打印的范围和内容。

（3）"打印预览"视图：显示的内容与打印的内容一致，可以方便地调整页边距等。预览窗口中页面的显示方式取决于可用字体、打印机分辨率和可用颜色。

5.4.1　"普通视图"的设置

普通视图由许多部分组成，可以根据需要显示或隐藏其中的一部分。例如可以设置显示或隐藏编辑栏、状态栏、网格线、网格线颜色、分页的虚线滚动条、行号和列标等。操作方法是：单击 工具 菜单→ 选项 →在"视图"选项卡中，选中/放弃相应的选项即可。

5.4.2　在"分页预览"中添加/删除/移动"分页符"

如果数据表的宽度大于页面的宽度（默认 A4 纸），则右侧大于页面宽度的数据部分会打印在新的一页；如果数据表的长度大于页面的长度（默认 A4 纸），超出的数据部分也会打印在新的一页。选择 视图 菜单→ 分页预览 ，可观察视图的分页情况，或单击"常用"工具栏中的"打印预览"按钮 查看实际的打印效果。

在"分页预览"视图下，可以查看、移动、插入和删除"分页符"。下面介绍通过"分页符"的操作确定每一个页面的打印内容。

1．查看"分页"情况

如果数据表格超出一个页面，在"分页预览"视图下就可以看到系统根据默认的纸进行分页的情况。其中"虚线"表示系统根据当前设置的纸张大小自动插入的分页符，"实线"是手动插入的分页符。

2．移动"分页符"

如果希望某些内容打印在一页上或分别打印在不同的页面上，在"分页预览"视图下，可以用鼠标拖曳"分页符"。如果拖曳的是虚线"自动分页符"，将使其变成实线"手动分页符"。

如果将更多的内容放在一个打印页面上，系统会自动调整"缩放"比例，以缩小打印数据的比例来打印。例如将图 5.11 中 I 列和 J 列之间的分页符拖到 K 列的右侧，单击"打印预览"可以看出系统自动缩小打印数据的比例，但是保证了 G 列～K 列打印在同一页。

如果将图 5.11 中 I 列和 J 列之间的"分页符"拖到 F 列右侧，也可以使 G 列～K 列打印在新的一页上。

| | 将"分页符"拖动到F列 | | | | | 虚线"分页符" | | | | |
	A	B	C	D	E	F	G	H	I	J	K
	基金代码	基金简称	单位净值（元）	累计净值（元）	净值增长率%		基金代码	基金简称	单位净值（元）	累计净值（元）	净值增长率%
1											
2	180008	银华货币A	0.3664	2.818	8.6595			华夏成长	1.352	1.612	0.5952
3	180009	银华货币B	0.4288	3.064	6.2965		11	华夏大盘精选	1.699	1.819	0.8309
4	290001	泰信天天收益	0.7918	1.637	54.1667		1001	华夏债券	1.033	1.163	0.0969
5	161604	融通深证100指数	0.82	0.98	2.2444		2001	华夏回报	1.401	1.767	0.6466
6	510050	50ETF	0.831	0.831	2.0885		2011	华夏红利	1.584	1.634	1.865
7	519180	天同180	0.8378	0.8878	1.5146		20001	国泰金鹰增长	1.658	1.761	0.8516
8	210001	金鹰优选	0.8416	0.9316	1.9874		20002	国泰金龙债券	1.085	1.127	0.0923
9	233001	巨田基础行业	0.8776	0.8776	0.7809		20003	国泰金龙行业	1.526	1.598	0.8592
10	213001	宝盈鸿利收益	0.8811	1.0111	2.4535		20005	国泰金马稳健	1.58	1.61	1.6731

图 5.11　分页符

3．插入水平或垂直"分页符"

在"分页预览"视图下，用手动的方法插入"分页符"可以重新调整每一页要打印的行数和列数。插入"分页符"的操作如下。

① 如果在水平方向插入"分页符"，请选中一行；如果在垂直方向插入"分页符"，请选中一列。

② 鼠标指针指向选定区，单击鼠标右键→插入分页符，如果事先选中的是"行"，则在选中行的上边插入水平"分页符"；如果事先选中的是列，则在列的左边插入垂直"分页符"。

4．删除"分页符"

只能删除用手动的方式插入的分页符。

（1）删除指定的分页符。

在"分页预览"视图下，鼠标单击紧邻要删除的水平（或垂直）"分页符"下方（或右侧）的任意一个单元格，单击鼠标右键→删除分页符。另外，拖动"分页符"到打印区域以外，也可以删除"分页符"。

（2）删除所有的手动分页符

在"分页预览"视图下，鼠标右键单击工作表的任意单元格→重置所有分页符。

5.4.3　打印页面的基本设置

在打印工作表之前，一定要确认打印输出的方向为"纵向"或"横向"，确认打印纸张的大小、打印的起始页、缩放打印的页面等。操作方法是：

单击文件菜单→页面设置，在"页面设置"对话框中选择"页面"选项卡，然后对以下内容做设置。

1．打印输出方向

页面的打印方向为"纵向"是指输出的表格高度大于宽度，而"横向"是指输出的表格宽度大于高度。默认的打印方向为"纵向"。

2．缩放打印比例

在打印输出时，为了控制打印输出的表格的大小、行数和列数，除了调整表格的高度和宽度来改变打印的工作表的大小外，还可以调整输出内容的缩放比例。

● 缩放比例：可以对工作表进行放大或缩小打印。可以缩小到原来标准的 10%或放大400%。如果缩小比例，一张纸可以打印更多的内容；如果放大比例，可以使打印的内容放大（表格和文字）打印。

● 调整页宽和页高：在框内输入数字，调整输出的内容"水平"或"垂直"方向占用几个页面。如果只是要求输出的内容适合一个页面的宽度，而不限制页面数量，可在"页宽"框内键入数字"1"，"页高"框为空白。

3．纸张大小

打印输出之前要确定打印纸的大小。放在打印机上的纸要与"页面设置"中选定的纸张规格一致。Excel 提供的标准型号打印纸有：A4、A5、B5、16 开、信封或明信片等。默认的纸型是 A4 纸。

如果要打印的内容超出一页纸的大小，会在工作表中自动出现水平或垂直的"虚线"分页符表示一张纸打印的范围（见图 5.11）。

4．打印质量

打印质量用分辨率表示。分辨率是指打印页面上每英寸长度上的点数。较高的分辨率可在支持高分辨率打印的打印机上输出较高的打印质量。

5．起始页码

"起始页码"框内自动等价输入"1"；如果输入"5"，从"5"开始对页面编页码。设置页码后，若希望打印页面页码，要在"页眉/页脚"选项卡确认有页码。

5.4.4　调整"页边距"

"页边距"是指输出的表格与纸张边缘（上、下、左、右）的距离。单击 文件 菜单→ 页面设置 ，在"页面设置"对话框的"页边距"选项卡中可以做以下操作。

1．"页边距"设置

在"页边距"选项卡中，其中"上"指的是纸张上边缘与第一行文字上边缘的距离。因此，调整"上"、"下"、"左"、"右"框中的数字，可指定表格与打印页面边缘的距离，并且在"打印预览"中能看到调整后的结果。

2．"页眉/页脚"边距的设置

如果在"页眉"或"页脚"框中输入数字，可调整页眉与页面顶端或页脚与页面底端的距离。该距离应小于页边距的设置，以避免表格中的内容与页眉或页脚中的内容重叠打印。

3．居中方式

选中"水平"复选框为横向居中打印，选中"垂直"复选框是纵向居中打印。若同时选中这两个复选框可在页面内"居中"打印页面的内容。

另外，可以在"打印预览"视图中用拖曳鼠标的方法改变页边距、页眉/页脚区的大小。

5.4.5　添加"页眉/页脚"

页眉和页脚（分别在页面的顶端和底端）是两个特殊区域。默认情况下不打印页眉和页脚。如果希望在打印输出时，每一页的页头或页尾出现同样的内容，例如页码、总页数、日期、时间、图片、公司徽标、文档标题、文件名或作者名等，可以设置页眉或页脚。用"打印预览"时可观看页眉/页脚的内容。

设置页眉/页脚的操作是：单击 视图 菜单→ 页眉/页脚 或单击 文件 菜单→ 页面设置 ，选择"页眉/页脚"选项卡。

在"页面设置"对话框的"页眉/页脚"选项卡可以添加或修改"页眉/页脚"。由于添加或修改"页眉"和"页脚"的操作是一样的，因此下面以添加"页脚"为例来介绍相关的操作。

在"页脚"下拉列表中有系统已经设置好的页脚选项，可以选择其中一项为页脚的内容。单击"自定义页脚"按钮，打开"页脚"对话框（见图 5.12）可以进一步创建"页脚"。如果在这之前选择了"页脚"列表中的选项，该选项将会被自动复制到"页脚"对话框中，在"页脚"对话框的"左"、"中"、"右"框内可输入文字、插入图片、页码、页数、当前工作簿所在的文件夹名、文件名等。在打印输出时，设置的页脚内容会出现在页面底端的左（中、右）相应的位置。

　　例如，如果希望打印的表格下面有页码和总页数，应该在"页眉/页脚"选项卡的"页脚"列表中选择"第 1 页　共? 页"，再单击"自定义页脚"按钮，在"页脚"对话框（见图 5.12）可以看到已经自动添加页码和总页数。也可以直接在"页脚"对话框中添加页码和总页数等。

图 5.12　"页脚"对话框

5.4.6　打印区域与重复标题的设置

1．打印区域

　　如果希望只打印表格中的某些区域，单击 文件 菜单→ 页面设置 ，在"工作表"选项卡，单击"打印区域"右侧的切换按钮 ⯐ 进入工作表，然后在工作表中选定要打印的工作表区域，按 Ctrl 键的同时选定其他要打印的区域。再单击对话框右侧的切换按钮 ⯐ 回到"页面设置"对话框。单击 打印预览 观察打印效果。如果选定了多个区域，不同的区域打印在不同的页面上。

2．重复打印标题

　　如果要打印的表格的长度或宽度超出了一页，默认只有第一页会打印表头标题（第一行或第一列），其他页面只会打印表格其余的部分，不会重复打印表头标题行（列）。若希望打印输出时在每一页都能重复打印第一页的表头（前几行或前几列），则按以下步骤操作。

　　① 单击 文件 菜单→ 页面设置 ，选择"工作表"选项卡。

　　② 单击"顶端标题行"右侧的切换按钮 ⯐ 进入工作表，选定要重复打印的行（一行或多行），再单击对话框右侧的切换按钮 ⯐ 回到"页面设置"对话框。

　　例如，在图 5.13 中的第 1 页和第 2 页重复打印了数据表的第一行。

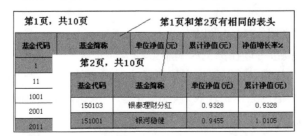

图 5.13　"重复打印同样的表头"举例

③ 同样，如果希望表格最左边的列打印在每一页，单击"左端标题列"右侧的切换按钮进入工作表，选定要重复打印的列，再单击对话框右侧的切换按钮回到"页面设置"对话框。

④ 进入"打印预览"观察打印的效果。

3．其他

在"工作表"选项卡还可以设置是否打印网格线、行标号和列标。如果打印多个页面，可以指定打印顺序为"先列后行"或"先行后列"。

5.4.7　独立图表的打印设置

在默认的情况下，打印独立的图表占满整个页面。若要改变图表占页面的大小和比例，可以按以下操作步骤。

① 使独立图表成为当前的工作表，单击 文件 菜单→ 页面设置 ，选择"图表"选项卡。

② 选择下列之一：

● 使用整个页面：默认值，图表占满整个页面。

● 调整：选中"调整"，单击 确定 后图表的四周出现虚线和"控点"，拖曳"控点"可以调整图表的高度或长度。

● 自定义：选中"自定义"，单击 确定 后图表的四周出现框线和"控点"，可以拖曳"控点"按任意大小和比例放大和缩小图表。

如果要在单色的打印机打印图表，建议在"图表"选项卡中选中"按黑白方式"，然后再单击"打印预览"按钮，观察打印效果。

5.5　打印预览与打印

5.5.1　打印预览

在打印之前，最好先选择"打印预览"观察打印效果，然后再打印。特别是打印的内容有图表时，若用彩色的打印机打印，能看到颜色的效果，但是用单色打印机打印时，图表中不同的颜色是用不同的灰度表示，颜色的区分度会差一些。因此，可能需要重新调整图表数据系列的颜色。

进入"打印预览"的方法是单击"常用"工具栏上"打印预览"按钮或单击 文件 菜单→ 打印预览 。

在"打印预览"视图中，可以做以下操作。

① 单击"缩放"按钮可以在浏览时缩小或放大显示区。

② 单击"页边距"按钮，可以用拖曳鼠标的方法改变页边距、"页眉/页脚"区的大小等。

③ 如果用"黑白"单色显示工作表，单击"设置"按钮，在"工作表"选项卡中选中"单色打印"，立刻可以看到单色打印工作表的效果。

5.5.2 打印设置

单击 文件 菜单→ 打印 ，在"打印内容"对话框（见图 5.14）可以做以下设置。

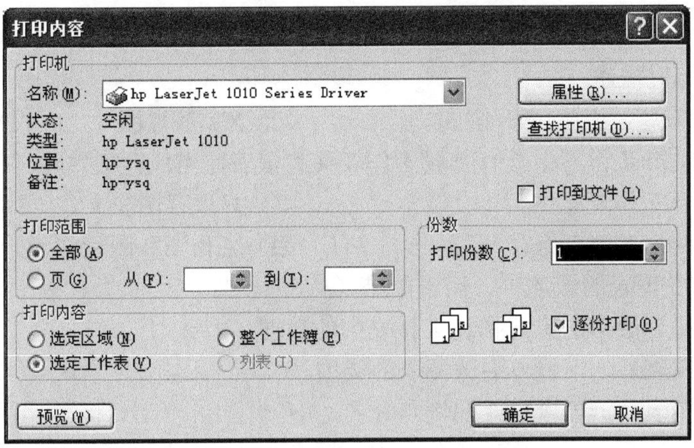

图 5.14 "打印内容"对话框

1．设置打印范围与内容

在默认情况下，打印范围为"全部"，打印内容为"选定的工作表"。可以设置只打印选定的区域或者指定的页码或者整个工作簿。

2．设置打印属性

单击"属性"按钮，可以做以下的设置：

● 设置打印纸的大小，例如设置 A4、B5 等；

● 设置是否双面打印；

● 设置打印份数；

● 设置打印方向为"横向"或"纵向"。

5.5.3 打印输出

1．打印

打印当前工作表最便捷的方法是单击"常用"工具栏上的"打印"按钮 ，也可以单击 文件 菜单→ 打印 ，在"打印"对话框中单击 确定 按钮，开始打印。

2．暂停/终止打印

在打印机打印的过程中，"任务栏"右侧会显示"打印机"按钮 。若要中断打印，双击"打印机"按钮 ，在弹出的对话框中选择 打印机 菜单→ 暂停打印 或 取消所有文档 。

3．打印边框/图表/图形

如果文档中的边框、图表和图形等没有打印出来，可能是设置了"草稿打印"。可以选择 文件 菜单→ 页面设置 ，在"工作表"选项卡中放弃选择"草稿输出"选项。

习　题

一、选择题

1. 在 Excel 中，如果用图表显示某个数据系列各项数据与该数据系列总和的比例关系时，最好用（　　）描述。

A）柱型图　　　　　　B）饼图　　　　　C）XY 散点图　　　　D）折线图

2. 如果在 Excel 工作簿中既有一般工作表又有图表，当保存文件时，（　　）。

A）只保存工作表文件　　　　　　B）只保存图表文件

C）分成两个文件来保存　　　　　D）工作表和图表作为一个文件保存

3. 在下列有关图表的叙述中，错误的是（　　）。

A）图表是以图形的方式描述工作表中的数据

B）创建图表后，不能再更改图表的类型

C）创建图表后，可以更改图例

D）创建图表后，可以更改工作表中与图表相关的数据

4. 建立图表后，要添加图表的标题，可以在单击图表空白区域后，选择（　　）。

A）图表菜单→图表类型　　　　　B）格式菜单→图表区

C）图表菜单→图表选项　　　　　D）格式菜单→工作表

5. 在 Excel 工作表中建立图表时，（　　）。

A）数据系列只能是数值　　　　　B）数据系列只能是字符串

C）分类数据只能是字符串　　　　D）分类数据只能是数值

二、判断题

1. 在 Excel 中，对饼图的每个扇区可以视为一个对象，单独对其进行格式修饰。（　　）

2. 在 Excel 中，删除工作表中的数据，与之相关的图表中的数据系列不会删除。（　　）

3. 修改 Excel 工作表中的数据，会自动反映到与之对应的图表中。　　　　　　（　　）

4. 在 Excel 中，若隐藏工作表中的数据，与之对应的图表中的数据系列不会被隐藏。

（　　）

5. 在 Excel 中，打印输出时只能按设置的字号打印，不能放大或缩小打印的内容。（　　）

三、思考题

1. 简述柱形图、饼图和折线图的用途。

2. 打印表格时，如何打印页码、改变页边距？

四、应用题

表 5.6 所示为某商场服装部销售利润表。

表 5.6　　　　　　　　　某商场服装部销售年利润表

	A	B	C	D	E	F
1		内衣	男西服	休闲服	女西服	儿童服装
2	销售利润	9000	27000	15000	40000	23000
3	评比					

（1）依据销售利润的多少进行评比，评出利润等级"高"、"中"、"低"。要求在 B3 单元输入公式，计算出内衣的评比值（"高"、"中"、"低"），并将该公式复制到 C3:F3，以便计算出其他商品的评比值。评比标准如下：

25000 元≤销售利润，为"高"；

10000 元≤销售利润＜25000 元，为"中"；

销售利润＜10000 元，为"低"。

（2）写出选定利润表中哪些区域可以自动生成图 5.15 所示的图表（包括标题、图例和分类轴上的名称）。

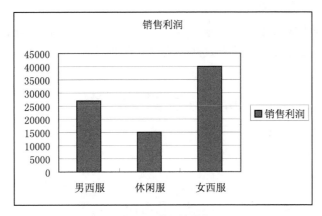

图 5.15　簇状柱形图

第 6 章　数据处理与管理

Excel 提供了较强的数据处理和管理的功能，可以对数据表进行各种筛选、排序、分类汇总、统计和重新组织表格等。

由于 Excel 允许将数据存放在工作表的任意位置，这为数据的处理和管理带来不便。因此，在对数据做某些处理之前，要求数据必须按“数据清单”存放。

6.1 数 据 清 单

数据清单由标题行（表头）和数据部分组成。在图 6.1 中的数据清单区域为 A1:D6。

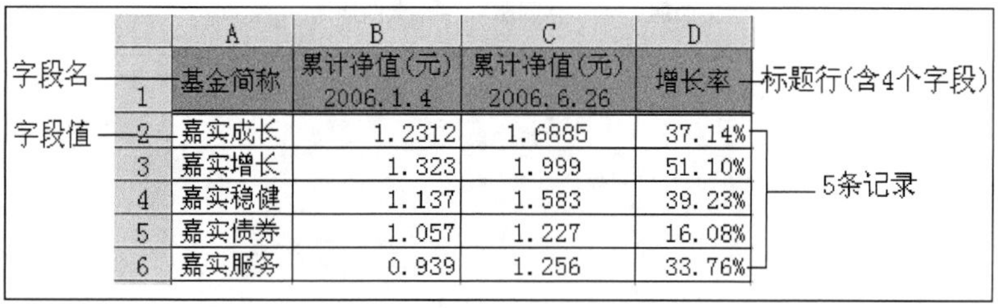

	A	B	C	D
1	基金简称	累计净值(元) 2006.1.4	累计净值(元) 2006.6.26	增长率
2	嘉实成长	1.2312	1.6885	37.14%
3	嘉实增长	1.323	1.999	51.10%
4	嘉实稳健	1.137	1.583	39.23%
5	嘉实债券	1.057	1.227	16.08%
6	嘉实服务	0.939	1.256	33.76%

图 6.1　数据清单[1]

数据清单一般具有以下特性。

- 第一行是表的列标题（字段名），用不同的名字加以区分（见图 6.1）。
- 从第二行起是数据部分（不允许出现空白行和空白列）。每一行数据称为一个记录。每一列称为一个字段。
- 在一个工作表中，最好只有一个数据清单，且放置在工作表的左上角。
- 数据清单与其他数据之间应该留出至少一个空白行和一个空白列。

6.2 “记录单”的使用

Excel 中的“记录单”命令提供了简捷的编辑和检索数据清单的方法。不但可以对数据清单中的记录进行查看、更改、添加和删除，也可以设置条件查找特定的记录。

[1] 数据来源：中国基金网站 http://www.chinafund.cn/

6.2.1　用"记录单"查看、编辑数据清单

1. 用"记录单"浏览和编辑数据清单的数据

① 鼠标单击数据清单区中任意一个单元格或选定数据清单，例如，选定图 6.1 中的 A1:D6 区域。

② 单击 数据 菜单→ 记录单 ，弹出对话框如图 6.2 所示。

在该对话框显示数据清单中一条记录的信息，包括字段名和字段内容。

③ 单击 下一条 或 上一条 按钮，可逐条（行）查看记录，或使用记录单中的滚动条来查看数据清单中的每个记录。在查看的过程中，可以对字段的内容进行编辑，并且等价于在数据清单上修改数据。如果记录中的某一个字段的内容是公式，则不能对其进行修改。如果在移到下一条记录之前，单击"还原"按钮，取消刚才做过的修改。

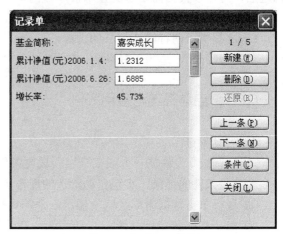

图 6.2　"记录单"对话框

在"记录单"的右上角显示当前记录是总记录中的第几个记录（例如 1/5 表示有 5 条记录，当前显示的是第 1 条记录）。

2. 用"记录单"删除、增加数据清单中的记录

● 单击 删除 按钮，删除当前"记录单"中显示的记录（同时在数据清单中删除对应的记录），后面的记录补充上来。单击 还原 按钮不能恢复已删除的记录。

● 单击 增加 按钮，出现空白记录，在空白记录的各个文本框中输入相应的内容。新增加的记录出现在数据清单的最后一条记录的后面。

6.2.2　用"记录单"查找数据清单中符合条件的记录

当数据清单中的记录比较多，只希望浏览或修改满足一定条件的记录时，可以在"记录单"中设置条件只显示满足条件的记录。

例如，只显示图 6.1 中满足"累计净值（元）2006.6.26"大于 1.5 的记录，操作方法是：

单击 条件 按钮，系统清空所有字段的内容，在"累计净值（元）2006.6.26"文本框输入">1.5"，然后单击 上一条 或 下一条 按钮再查看记录时，在记录单中只显示满足条件"累计净值"大于 1.5 的记录。

取消记录单中条件的操作方法是：单击 条件 按钮，删除文本框内的条件，再单击 表单 按钮。

6.3　筛选与高级筛选

如果希望工作表中只显示数据清单中满足条件的记录，可以用"筛选"或"高级筛选"来实现。数据清单经过筛选后，不满足条件的记录只是被暂时隐藏了，并没有被删除。因此，筛选后，还可以根据需要恢复显示被隐藏的记录。通过筛选，可以实现对筛选后的数据做编辑操作、设置特殊格式、制作图表和打印等。

Excel 提供了两种筛选记录的功能，一个是"自动筛选"，适用于简单条件的筛选；另一个是"高级筛选"，适用于复杂条件的筛选。

6.3.1　自动筛选与应用举例

1．自动筛选

"自动筛选"允许在一个或多个字段设置条件。若在多个字段设置了条件，则显示同时满足多个字段条件的记录。实现自动筛选的操作步骤如下。

①　鼠标单击数据清单区域中任意一个单元格或选定数据清单。

②　单击 数据 菜单→ 筛选 → 自动筛选 ，在数据清单的每个字段名旁边多了一个 ▼ 按钮，用于对所在字段（列）的数据设置筛选条件（见图 6.4 第一行）。

③　单击要设置条件的字段名旁边的 ▼ 按钮，在弹出的选项表中有以下选项：

● 升序排列：数据清单按该字段的值重新"升序排列"。

● 降序排列：数据清单按该字段的值重新"降序排列"。

● 全部：选择后，取消原来在该字段设置的筛选条件。

● 前 10 个：用于筛选最大或最小的 n 条记录。例如可以设置只显示当前字段的值是最大的 3 个记录。

● 自定义：可以设置两个条件。两个条件之间可以是"与"关系，也可以是"或"关系。通常用于设置满足一定条件或指定范围的筛选。

2．取消"自动筛选"

● 如果要取消某一列已经设置的筛选条件，可以单击该列的 ▼ 按钮，选择"全部"。

● 如果要取消所有的列设置的筛选条件，单击 数据 菜单→ 筛选 → 全部显示 即可。

● 如果除去 ▼ 按钮，再次执行 数据 菜单→ 筛选 → 自动筛选 即可。

对于有些条件的筛选，无法用"自动筛选"实现。例如不能完成筛选满足一个字段的条件，或者又满足另一个字段的条件的记录。即"自动筛选"中多个字段的条件之间是"与"的关系，不能是"或"的关系。另外，"自动筛选"对每个字段中设置的条件不能超出两个。

3．应用举例

【例1】　显示图 6.4 中"单位净值"小于等于 1.2 的记录。

①　单击图 6.4 数据清单中任意一个单元格。

②　单击 数据 菜单→ 筛选 → 自动筛选 。

③ 单击 C1 单元格"单位净值"旁边的 ▼ 按钮，选择"自定义"。

④ 在"自定义"对话框（见图 6.3（a））左上角第一个列表框选择"小于或等于"，在右侧输入 1.2，单击 确定。

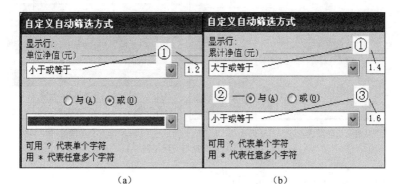

（a）　　　　　　　　　　　　　（b）

图 6.3 "自定义自动筛选方式"对话框

【例2】 显示图 6.4 中同时满足以下两个条件的记录（图 6.4 已经是筛选后的结果，不满足条件的记录已经被隐藏）。

	A	B	C	D
1	基金代码 ▼	基金简称 ▼	单位净值（元）▼	累计净值（元）▼
116	400001	东方龙	1.1672	1.5772
128	340001	兴业转债	1.1178	1.4188
129	400003	东方精选	1.1159	1.5039
132	161604	融通深证100	1.093	1.443
137	161607	融通巨潮	1.064	1.494
138	398011	国联分红混合	1.0635	1.4135

图 6.4 自动筛选与筛选结果 [1]

- 条件 1：显示"单位净值"小于等于 1.2。
- 条件 2：显示"累计净值"为 1.4～1.6（含 1.4 和 1.6）。

操作步骤如下。

（1）条件 1 与例 1 一样，操作同例 1。下面设置"条件 2"。

（2）单击 D1 单元格"累计净值"右侧的 ▼ 按钮，选择"自定义"。

（3）在"自定义"对话框（见图 6.3（b））左上角第一个列表框选择"大于或等于"，在右侧输入 1.4。

（4）选中"与"，在"与"下面的列表框选择"小于或等于"，右侧输入 1.6→ 确定。

经过以上操作后，图 6.4 中的数据表是同时满足"单位净值"小于等于 1.2，并且"累计净值"为 1.4～1.6 的记录。

【例3】 筛选数据清单（见图 6.5（b））中"基金简称"以"广发"和"上投"开头的记录。操作步骤如下。

（1）单击图 6.5（b）中数据表的任意一个单元格或选定该数据表。

1 数据来源：中国基金网站 http://www.chinafund.cn/

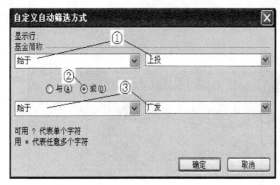

（a）"自定义自动筛选方式"对话框   （b）自动筛选应用举例

图 6.5   自动筛选与应用举例

（2）单击 数据 菜单→ 筛选 → 自动筛选 。

（3）单击"基金简称"旁的 ▾ 按钮，选择"自定义"。

（4）在"自定义自动筛选方式"对话框（见图 6.5（a））中，选择下列方法之一。

方法 1："基金简称"列表选择"始于"，输入"上投"，选择"或"；再选择"始于"，输入"广发"（如图 6.5（a）所示）。

方法 2："基金简称"列表选择"等于"，输入"上投*"，选择"或"；再选择"等于"，输入"广发*"。

筛选结果见图 6.5（b）。

6.3.2   高级筛选与应用举例

用"高级筛选"不但可以在指定的字段中设置一个或多个条件，而且条件之间可以是"与"（同时满足）的关系，也可以是"或"（满足其中之一）的关系。

用"高级筛选"要确定数据清单、条件区和结果区 3 个区域。其中"数据清单"已经在前面介绍了，如果没有重新给定"结果区"，则筛选的结果在数据清单区。下面重点介绍如何建立"条件区"。

要创建条件区，首先要在工作表中选择一个空白区，然后根据题目所给的条件创建条件区。

1．Excel 对条件区的规定

（1）条件区的第一行是字段名或者是字段名所在的单元格地址的引用，或为空白（公式作为筛选条件）。从第二行开始设置筛选条件：

● 若筛选条件放在不同的行（占用多行），为"或"关系；

● 若筛选条件放在同一行（占用多列），为"与"关系。

（2）在条件中允许出现"*"代表任意一个字符串，"？"代表任意一个字符（与第 4 章的"查找"中介绍的"*"和"？"含义相同）。

2．建立条件区

（1）条件区的位置最好安排在数据清单的下面。因为在默认情况下，筛选结果放在数据清单区，如果条件区在数据清单的右侧，可能会在隐藏不满足条件的记录时，隐藏条件区。

（2）条件区的第一行必须与数据清单的字段名完全一样。因此最好不要在条件区重新输入字段名，而是引用数据清单中的字段名。例如在图 6.7 所示的“B220 单元格”引用图 6.6 中数据清单“基金简称”表头的操作是：在“B220 单元格”输入“=B1”。

（3）条件区中的文字不需要加双引号，直接输入文字内容。

（4）条件区中的关系运算符（例如“<”、“<=”、“>”或“>=”）、“*”和“？”，必须是英文字符，不能是中文字符。

（5）一次只能对工作表中的一个条件区进行筛选。

3．应用举例

以图 6.6（a）所示的数据清单为例，建立条件区（见图 6.7 的 5 个条件区）完成筛选。下面分两步完成筛选。

	A	B	C	D
1	基金代码	基金简称	单位净值(元)	累计净值(元)
2	375010	上投优势	2.0687	2.0887
3	70002	嘉实增长	1.78	2.061
4	110002	易基策略	1.864	2.054
5	260104	景顺长城内需	1.926	2.016
6	100020	富国天益价值	1.7686	2.0086
7	162703	广发小盘	1.8877	1.9877
8	270001	广发聚富	1.7248	1.9848
9	11	华夏大盘精选	1.772	1.952

（a）数据清单[1]

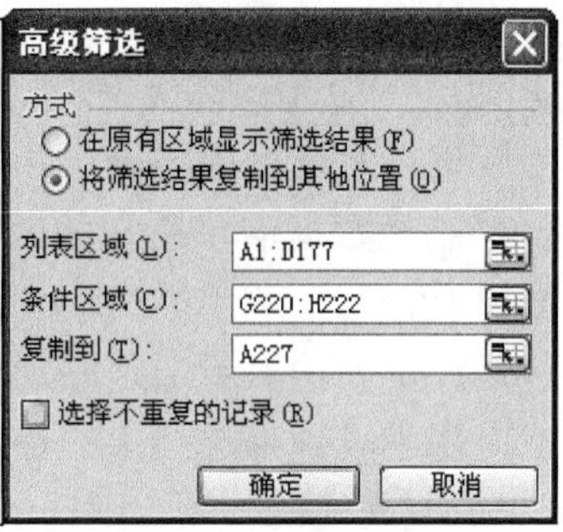

（b）“高级筛选”对话框

图 6.6 数据清单及“高级筛选”对话框

	A	B	C	D	E	F	G	H
220	例4	基金简称	例5	基金简称	累计净值(元)	例6	基金简称	累计净值(元)
221		上投*		上投*	>=1.5		上投*	
222		广发*		广发*	>=1.5			>2
223		易基*						
224			例7	单位净值(元)	累计净值(元)	例8	单位净值(元)	单位净值(元)
225				<1.5	>1.8		>1.5	<1.8

图 6.7 高级筛选条件区举例

高级筛选的第一步：根据给定的筛选条件设置条件区。

下面给出的是图 6.7 中条件区的筛选条件。

【例 4】 显示“基金简称”中以“上投”、“广发”或“易基”开头的记录。条件区是：

B220:B223

说明：在 B220 单元格输入：=B1，在 B221：B223 分别输入：上投*、广发*和易基*。因为它们之间的关系是“或”关系，所以条件要放在不同的行。

【例 5】 显示“基金简称”以“上投”或“广发”开头，并且它们的“累计净值”都在 1.5 元以上的记录。条件区是：

D220:E222

说明：显示“上投*”并且“累计净值”大于等于“1.5”，或者“广发*”并且“累计净值”大于等于“1.5”的记录。

【例 6】 显示“基金简称”以“上投”开头的记录，或者“累计净值”大于“2”的记录。条件区是：

---

[1] 数据来源：中国基金网站 http://www.chinafund.cn/

G220:H222

说明：因为条件之间是"或"的关系，所以条件放在不同的行即可。

【例 7】 显示"单位净值"小于 1.5 并且"累计净值"大于 1.8 的记录。条件区是：

D224:E225

说明：因为条件之间是"与"的关系，所以条件放在同一行。

【例 8】 显示"单位净值"在"1.5～1.8"（不含 1.5 和 1.8）的记录。条件区是：

G224:H225

说明：因为在一个字段设置了两个条件，所以条件区的两个表头是一样的。

高级筛选的第二步：实现筛选。

下面以例 6 为例，介绍其余的操作。

① 光标定位在数据清单区（图 6.6（a）中数据清单）。

② 单击 数据 菜单→ 筛选 → 高级筛选 （见图 6.6（b）"高级筛选"对话框）。

③ 在"高级筛选"对话框中要确定 3 个区域。

● "列表区域"：是数据清单所在的区域。例如输入或选定"A1:D177"（相对地址、绝对地址和混合地址均可）。

● "条件区域"：例如输入或选定 G220:H222（相对地址、绝对地址和混合地址均可）。

● "复制到"：用于设置筛选结果的位置，默认在数据清单所在的区域显示筛选结果。

如果要将结果放到其他位置，则选中"将筛选结果复制到其他位置"，然后单击"复制到"文本框，再单击要放置筛选结果区域的左上角单元格（由于无法确定筛选结果占用区域的大小，因此确定筛选结果区域的左上角单元格即可）。例如将筛选结果的位置确定在从 A 列开始，227 行以下的单元格区域，单击 A227 单元格。

● 如果希望筛选结果不出现重复的记录，选中"选择不重复的记录"。

④ 单击 确定 。

6.3.3 公式作为筛选条件与应用举例

公式作为高级筛选条件是实现筛选出满足公式计算结果的记录。例如，对工资表进行筛选，只显示满足"基本工资低于平均工资"条件的记录（见图 6.8）。

1. 公式作为条件的约定

（1）公式以等号"="开始，公式的计算结果作为条件来筛选记录。

（2）条件区的第一行为空，但是仍然是条件区域的一部分。由于系统通过公式中的地址引用来确定条件所在的列，因此条件区的第一行不要放字段名。

（3）公式中用作"条件"的引用必须用相对地址引用。公式中其他所有的引用都必须用绝对地址引用。

2. 应用举例

【例 9】 筛选出图 6.8 的 A1:B9 区域中"基本工资"低于"平均的基本工资"的记录。

操作步骤如下。

① 建立条件区。例如在 B13 输入公式：=B2<AVERAGE($B$2:$B$9)。

② 光标定位在数据清单区（图 6.8 中数据清单）→单击 数据 菜单→ 筛选 → 高级筛选 。

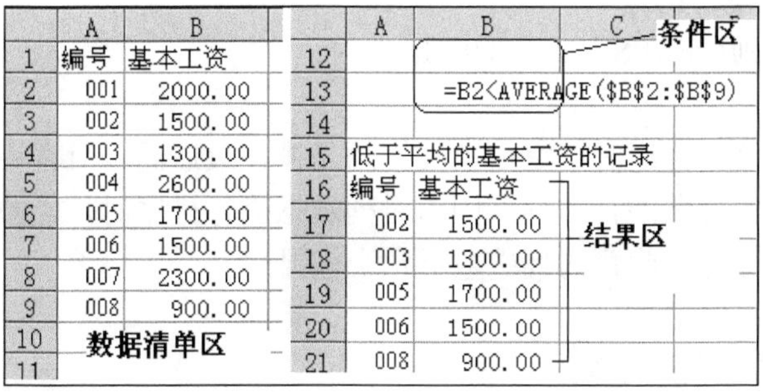

图 6.8　公式的结果作为高级筛选条件的举例

③ 在"高级筛选"对话框完成以下操作：

● "列表区域"输入或选定 A1:B9；

● "条件区域"：输入或选定 B12:B13（见图 6.8 的条件区）；

● "复制到"：输入或选定 A16→[确定]。筛选结果见图 6.8 的 A16:B21。

6.4　排　序

6.4.1　排序原则

1．数值型数据排序原则

数值型数据排序的原则是按数值的大小排序。

2．字母与符号的排序原则

（1）英文字母按字母的 ASCII 码值的大小排序。例如"A"＜"B"…＜"Z"，默认不区分大小写字母。

（2）如果包含数字和文本，在升序排序时按：数字 0～9（空格）！"＃$％＆（）*，.／:；？@［\］^＿`｛｜｝~＋＜＝＞字母 A～Z 的顺序排列。

3．汉字的排序原则

在默认的情况下，汉字的排序顺序按汉语拼音字母的顺序排序（与汉语字典的汉字排序一致）。对汉字排序时可以根据需要选择以下 3 种方式之一。

（1）按拼音字母排序（汉语字典中字母顺序）

例如"李"＜"王"（因为"L"＜"W"）。

（2）按笔画排序（汉语字典中笔画顺序）

例如"王"＜"李"（因为"王"字的笔画少于"李"字）。

（3）按"自定义序列"排序

在许多情况下对于非数值数据的排序，既不是按汉语拼音排序也不是按汉字的笔画排序，而是人为地按某个特定的顺序排序。例如，职务按"局级"、"副局级"、"处级"、"副处级"排序；学位按"博士"、"硕士"、"学士"排序等等。这需要在排序前将排序的项目定义为"自定义序列"（见第 1 章），然后再按"自定义序列"排序。

4．逻辑值的排序原则

逻辑值的排序原则：FALSE 小于 TRUE。

5．其他

无论是升序还是降序排序时，空白单元格总是排在最后面。所有错误值的优先级相同。

排序前，最好取消隐藏的行和列。因为对列数据进行排序时，隐藏的行中数据也会被排序。同样如果对行排序时，隐藏的列中数据也会被排序。

6.4.2　数据列/行的排序

1．简单的一个数据列的排序

一个数据列的排序是指按数据清单中某一个"列"数据的大小"升序"或"降序"，重新排列记录在数据清单中的位置。对一个数据列排序的最简单的方法是用"升序"或"降序"按钮进行排序。操作步骤如下。

① 光标定位在数据清单中要排序的"列"中任何一个单元格（如果选定了"列"，只有选定的列排序，没有选定的列就不会同步排序，因此不要选定列）。

② 单击"常用"工具栏中或按钮。

执行以上操作后，指定的"列"按"升序"或"降序"排列，同时数据清单的同一行中其他的数据同步移动。在默认情况下，汉字按拼音排序。如果要按其他的排序方式排序，见后面介绍的内容。

【例 1】　以图 6.9（a）中"职工情况简表"为例，按性别"升序"排列。

A	B	C	D		A	B	C	D	E	F	G
\#1 职工情					\#1 职工情况简表						
编号	性别	年龄	学历		编号	性别	年龄	学历	科室	职务等级	工资
10001	女	45	本科		10003	男	29	博士	科室1	正处级	1600
10002	女	42	中专		10005	男	55	本科	科室2	副局级	2500
10003	男	29	博士		10006	男	35	硕士	科室3	正处级	2100
10004	女	40	博士		10007	男	23	本科	科室2	科员	1500
10005	男	55	本科		10008	男	36	大专	科室1	科员	1700
10006	男	35	硕士		10009	男	50	硕士	科室1	正局级	2800
10007	男	23	本科		10011	男	22	大专	科室1	科员	1300
10008	男	36	大专		10001	女	45	本科	科室2	正处级	2300
10009	男	50	硕士		10002	女	42	中专	科室1	科员	1800
10010	女	27	中专		10004	女	40	博士	科室1	副局级	2400
10011	男	33	大专		10010	女	27	中专	科室2	科员	1400

（a）排序前　　　　　　　（b）按"性别"排序后

图 6.9　一列数据排序举例

操作方法是：单击数据清单（"职工情况表"）B 列中任意一个单元格→单击按钮（排序结果见图 6.9（b））。

2．3 个数据列/行的排序

如果同时对 3 个数据列/行排序，第一个排序列/行，称为"主关键字"；第二个排序列/行，称为"次要关键字"；第三个排序列/行，称为"第三关键字"。排序原则是：

如果只有一个要排序的列/行，按"主关键字"排序；如果有两个要排序的列/行，首先按"主关键字"排序，然后对"主关键字"中相同的值，再按第二关键字排序；同理，如果有三个要排序的列/行，对"次要关键字"中相同的值，再按"第三关键字"排序。

下面通过实例介绍多关键字的排序。

【**例 2**】 以图 6.10（a）中"职工情况简表"为例，"科室"按"升序"排列；如果"科室"相同，按"职务等级"的"升序"排列；如果"职务等级"相同，再按"工资"的"降序"排列。

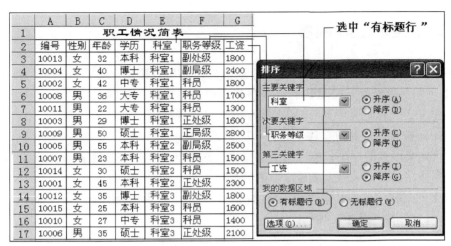

（a）多关键字排序举例　　　　　　　　（b）"排序"对话框

图 6.10　"排序"对话框及排序举例

操作步骤如下。

① 单击数据清单（"职工情况简表"）中任意一个单元格。

② 单击 数据 菜单→ 排序 ，在"排序"对话框（见图 6.10（b））中，选中"有标题行"。

③ 在"主关键字"中选择"科室"，确认"升序"；在"次要关键字"选择"职务等级"，确认"升序"；在"第三关键字"选择"工资"，确认"降序"，单击 确定 。排序结果见图 6.10（a）。

上述例子是按默认的数据"列"对行的排序，文本型数据按"拼音字母"排序。如果要更改为数据"行"对列的排序或按"笔画"排序，单击"排序"对话框中的"选项"按钮，选中所需的选项即可。

3．4 个数据列/行的排序

在"排序"对话框中最多只能设置 3 个排序项，如果要对 4 个数据列/行排序，则需要在用"排序"对话框之前先对"最次要的关键字"排序，然后再用"排序"对话框对其他 3 个排序项进行设置。

下面通过例子介绍如何对 4 个数据列排序。

【**例 3**】 以图 6.10（a）中"职工情况简表"为例，要求完成的排序条件如下：

（1）"科室"按"升序"排列；

（2）如果"科室"相同，则按"职务等级"的"升序"排列；

（3）如果"职务等级"相同，则按"学历"的"升序"排列；

（4）如果"学历"相同，则按"工资"的"降序"排列。

操作步骤如下。

① 光标定位在数据清单中"工资"列中的任何一个单元格。

② 单击“常用”工具栏中“降序”按钮。

③ 光标定位在数据清单中任何一个单元格。

④ 在“主关键字”中选择“科室”，确认“升序”；在“次要关键字”选择“职务等级”，确认“升序”；在“第三关键字”选择“学历”，确认“升序”，单击确定。

6.4.3 按自定义序列排序

汉字的排序除了按拼音排序或笔画排序以外，还可以按自定义的数据系列排序。例如图 6.10 中“职务等级”是按默认的汉语拼音字母顺序排序。若事先按“职务等级”从高到低的顺序建立了“自定义序列”，则在排序时，可以选择按“自定义序列”排序。下面通过例子介绍如何按自定义的数据序列排序。

由于自定义序列的排序只能应用于“排序”对话框的“主要关键字”中，因此，若要对多个数据列排序，可以采用先按最次要的列排序，再逐列进行排序。

【例 4】 以图 6.10（a）中“职工情况简表”为例，要求完成的排序条件如下：

（1）“科室”按“升序”排列；

（2）如果“科室”相同，按“职务等级”级别（局级、处级、科级）“降序”排列；

（3）如果“职务等级”相同，则按“工资”的“降序”排列。

为完成以上的排序，下面给出操作步骤（排序结果见图 6.11（a））。

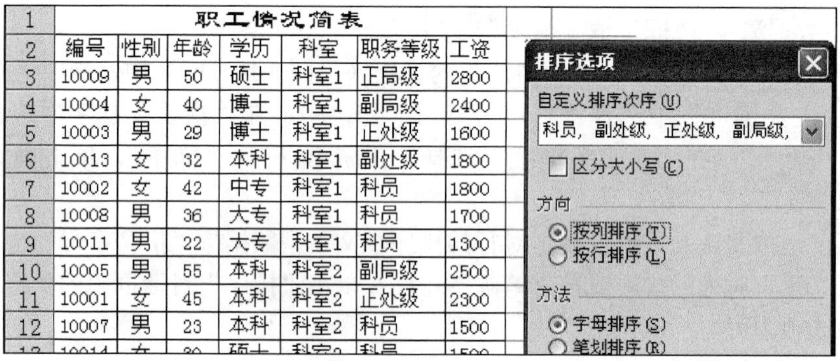

1	职工情况简表						
2	编号	性别	年龄	学历	科室	职务等级	工资
3	10009	男	50	硕士	科室1	正局级	2800
4	10004	女	40	博士	科室1	副局级	2400
5	10003	男	29	博士	科室1	正处级	1600
6	10013	女	32	本科	科室1	副处级	1800
7	10002	女	42	中专	科室1	科员	1800
8	10008	男	36	大专	科室1	科员	1700
9	10011	男	22	大专	科室1	科员	1300
10	10005	男	55	本科	科室2	副局级	2500
11	10001	女	45	本科	科室2	正处级	2300
12	10007	男	23	本科	科室2	科员	1500

（a）自定义序列的排序应用举例　　（b）“排序选项”对话框

图 6.11 “排序选项”对话框及排序应用举例

第一步：建立“职务等级”的自定义序列。

① 单击工具菜单→选项。

② 在“自定义”选项卡输入数据序列：正局级，副局级，正处级，副处级，科级。

③ 单击添加按钮。

第二步：“工资”按“降序”排序。

① 光标定位在数据清单中“工资”列中的任何一个单元格。

② 单击“常用”工具栏中的“降序”按钮。

第三步：“职务等级”按自定义的序列“降序”排序。

① 单击数据菜单→排序，选中“有标题行”。

② 在"主关键字"中选择"职务等级",单击 选项 。

③ 在"排序选项"对话框中选择自定义的序列(见图6.11(b))→ 确定 。

④ 确认"职务等级"为"降序"→ 确定 。

第四步:"科室"按"升序"排列。

① 光标定位在数据清单中"科室"列中的任何一个单元格。

② 单击"常用"工具栏中的"升序"按钮 。

6.5　分类汇总与数据透视表

6.5.1　分类汇总与应用举例

1．分类汇总

分类汇总是指在数据清单中按某一列数据的值对数据清单进行分类后,按不同的"类"对数据进行统计。统计结果包括分类数据的累加和、个数或平均值等。例如,按在职人员不同的年龄或学历统计工资收入情况;按不同的职业统计银行存款情况等。

在分类汇总时,要确定以下内容:

(1)确定数据清单中的一列为"分类字段";

(2)"分类字段"中的同一类别的数据在相邻的单元格;

(3)确定分类汇总的方式为总和、个数或平均值等;

(4)确定要统计哪些数据列。

其中第(2)条要求在分类汇总前,对"分类字段"进行排序("升序"或"降序")。经过排序后,同一类别的数据相邻,分类汇总才能得出正确的结果。

2．取消分类汇总

取消分类汇总结果,恢复数据为分类汇总之前的状态,操作方法是:

单击 数据 菜单→ 分类汇总 → 全部删除 。

3．应用举例

【例1】 以图6.10(a)中的表为例,按"科室"分类,求各科室的平均年龄、平均工资和人数。

第一步:按"科室"列"升序"或"降序"排列。

① 光标定位到"科室"列中任意一个单元格。

② 单击"常用"工具栏中的"降序"按钮 。

第二步:分类汇总。

① 单击"职工情况简表"中任意一个单元格。

② 单击 数据 菜单→ 分类汇总 ,打开"分类汇总"对话框(见图6.12(a))。

③ 分类字段选择"科室";汇总方式选择"平均值";汇总项选中"年龄"和"工资"→ 确定 。

④ 同②,分类字段"科室";"汇总方式"选择"计数",汇总项"工资",放弃选择"替换当前分类汇总"→ 确定 。分类汇总结果见图6.12(b)。

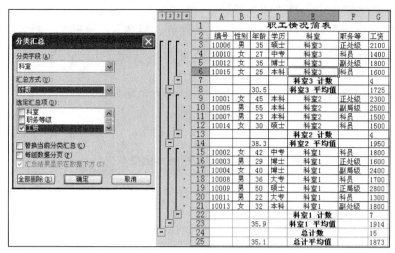

（a）"分类汇总"对话框 　　　（b）按"科室"分类汇总

图 6.12　"分类汇总"对话框及分类应用举例

【例 2】　以图 6.10（a）中的表为例，计算不同的"职务等级"的平均年龄和平均工资。操作步骤如下。

① 按"职务等级"排序。例如单击图 6.10（a）"职工情况简表"中 F 列的任意一个单元格→单击 ░ 按钮。

② 单击 数据 菜单→ 分类汇总 。

③ 分类字段选择"职务等级"；汇总方式选择"平均值"；汇总项选中"年龄"和"工资"。

④ 单击行标号左侧的折叠按钮" ▬ "，只显示分类汇总结果，隐藏数据部分（结果见图 6.13）。

	编号	性别	年龄	学历	科室	职务等级	工资
职工情况简表							
			50			正局级　平均值	2800
			47.5			副局级　平均值	2450
			36.3			正处级　平均值	2000
			33.5			副处级　平均值	1800
			29.3			科员　平均值	1543
			35.1			总计平均值	1873

图 6.13　按"职务等级"分类汇总举例

6.5.2　数据透视表与应用举例

数据透视表是对原有的数据清单重组并建立一个统计报表，是一种交互的、交叉制表的 Excel 报表，用于对数据进行汇总和分类汇总。例如按不同的"性别"统计"年龄"、"受教育水平"情况；按"职务等级"统计"年龄"和"工资"情况等。

1．建立数据透视表与应用举例

建立数据透视表的操作非常简单，关键是将字段名（见图 6.14（a））正确地拖曳到数据透视表框架的 4 个特殊区域（见图 6.14（b）中的分页、行、列和数据统计区）。下面以图 6.10 中的数据为例，建立数据透视表。

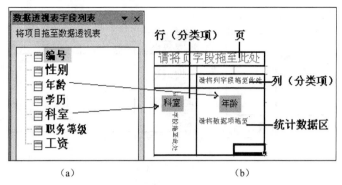

图 6.14　"数据透视表"计算平均年龄举例

【例 3】　统计图 6.10 中每个"科室"的平均"年龄"。

① 选定图 6.10 中数据清单或光标定位在数据清单中。

② 单击 数据 菜单→ 数据透视表和数据透视图 → 完成 。

③ 将"科室"按钮拖到"行"（分类项）；"年龄"按钮拖到"统计数据区"位置（见图 6.14）。

④ 由于系统默认数值型数据的汇总方式为"求和"，因此要改变年龄的汇总方式。操作方法是：鼠标右击"年龄"所在的统计数据区，或者鼠标右键单击数据透视表中"年龄"按钮（见图 6.15（b））→ 字段设置 ，在"数据透视表字段"对话框（见图 6.15（a））中选择"年龄"的汇总方式为"平均值"，得到图 6.15（b）所示的数据透视表的结果。透视表建立后随时可以修正，见后面的介绍。

（a）"数据透视表字段"对话框　　　　（b）数据透视表 1

图 6.15　"数据透视表字段"对话框及数据透视表结果

【例 4】　统计图 6.10 中不同的"职务等级"与"学历"的分布情况。

① 同例 3 的①和②。

② 将"数据透视表"工具栏中的"职务等级"按钮拖到"行"（分类项）；"学历"按钮拖到"列"（分类项）；"性别"按钮拖到"统计数据区"，得到图 6.16（b）所示的数据透视表统计结果。

说明：如果统计符合条件的记录的个数，最好选择文本型的字段（如姓别）作为统计字段拖到数据区，会自动求个数。若选择数值型字段，则默认为统计累加和，还需要改变统计方式。

计数项:性别	学历					
职务等级	本科	博士	大专	硕士	中专	总计
科员	2		2	1	2	7
副处级	1	1				2
正处级	1	1		1		3
副局级	1	1				2
正局级				1		1
总计	5	3	2	3	2	15

（a）　　　　（b）

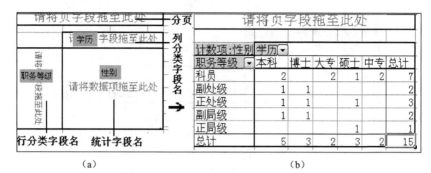

图 6.16　数据透视表 2

【例 5】 对图 6.10 所示的数据表，按“性别”和“科室”分类统计人数和平均工资。

① 同例 4 的①。

② 将“科室”按钮拖到“行”；“性别”按钮拖到“列”；“工资”是要计算的量拖到“统计数据区”；“性别”按钮拖到“统计数据区”。

③ 默认“工资”为“求和”，改变“工资”为“平均值”的方法是：鼠标指针指向透视表中任何一个“工资”的统计数据，单击鼠标右键→字段设置，在“数据透视表字段”对话框的汇总方式选择“平均值”，得到图 6.17 所示的数据透视表。

科室	数据	性别 男	女	总计
科室1	计数项:性别	4	3	7
	平均值项:工资	1850	2000	1914.3
科室2	计数项:性别	2	2	4
	平均值项:工资	2000	1900	1950
科室3	计数项:性别	1	3	4
	平均值项:工资	2100	1600	1725
计数项:性别汇总		7	8	15
平均值项:工资汇总		1929	1825	1873.3

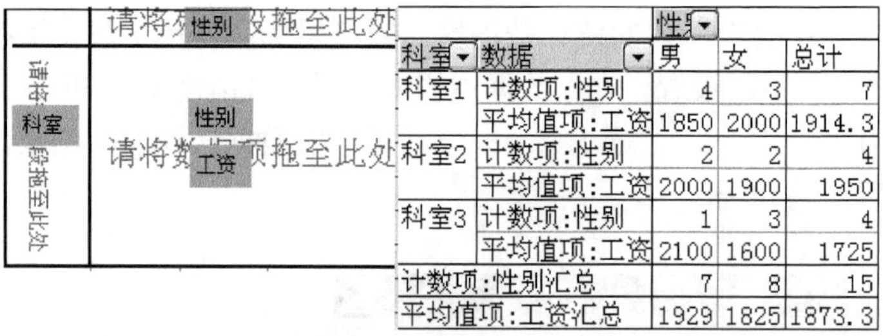

图 6.17　数据透视表 3

2．选定数据透视表或其中的一部分

（1）选定整个数据透视表：从数据透视表的左下角向右上角拖曳鼠标或者鼠标右键单击数据透视表→选定→整张表格。

（2）选定某个分类项标志：鼠标指向字段按钮的顶部，当鼠标指针变成向下的箭头时，单击鼠标。

（3）选择标志和数据：选定整个数据透视表后，鼠标右键单击数据透视表→选定，继续选择“标志”、“数据”或“标志和数据”。

选定数据透视表或数据透视表中指定的部分后，便可以对选定的部分进行格式修饰。

3．调整数据透视表以及更改布局

数据透视表建立后，鼠标单击数据透视表中的任何单元格，显示“数据透视表字段列表”。可以实现以下操作。

（1）向数据透视表添加分类字段或统计字段

在“数据透视表列表”中，将要添加的字段名拖曳到数据透视表中相应的位置即可。

（2）从数据透视表中移出字段

将透视表中的字段名按钮拖出数据透视表即可。

（3）修改统计方式

鼠标指针指向要修改的统计数据，单击鼠标右键→ 字段设置 ，打开"数据透视表字段"对话框（见图 6.15（a）），选择一种汇总方式。

（4）设置数据透视表显示的分类项

在默认的情况下，显示所有的统计结果。若只显示其中的一些分类项的统计结果，单击数据透视表中字段名旁 ▼ 按钮，选中要显示的分类项。

（5）调整分类项的前后顺序

鼠标右键单击要调整的分类项（例如鼠标右键单击图 6.17 中的"计数项：性别"）→ 顺序 ，选择要移动的方向或位置。

4．更新数据透视表中的数据

如果原数据清单中数据被修改了，系统不会自动更新数据透视表中的统计数据，也不允许用手动的方式修改数据透视表中的统计数据。因此，若要更新数据透视表的统计结果，单击数据透视表，再单击"数据透视表"工具栏中的"更新"按钮 ！ 或选择 数据 菜单→ 更新数据 。

5．用数据透视表建立图表对象

在默认的情况下，单击数据透视表→ 插入 菜单→ 图表 ，创建的图表是独立图表。若希望建立图表对象，可以考虑复制数据透视表的数据为"数值表"，然后再建立图表。操作步骤如下。

① 选定数据透视表，"复制"。

② 单击要复制的目标位置，单击 编辑 菜单→ 选择性粘贴 ，选择"数值"。

③ 用目标位置的数据表建立图表。

6.6 分级显示、合并计算

6.6.1 组及分级显示

分级显示可以隐藏数据表中的若干行/列，只显示指定的行/列数据。分级显示通常用于隐藏数据表的明细数据行/列，只显示汇总行/列。一般情况下，汇总行在明细行的下面，汇总列在明细列的右侧。

如果汇总行在明细数据行的上面，或汇总列在明细数据列的左侧，可以采用自动分级显示，系统能自动进行分辨并且进行分级。

用手动的方法改变设置的操作是：单击 数据 菜单→ 组及分级显示 → 设置 ，放弃"明细数据的下方"或"明细数据的右侧"复选框。

1．自动分级显示与应用举例

如果工作表中含有明细数据和明细数据的汇总公式，那么可以自动地按明细和汇总分级显示工作表。自动分级显示要求所有包含汇总公式的"列"必须在明细数据的右边或左边，或者所有包含汇总公式的行必须在明细数据的上边或下边。自动建立分级显示的操作如下。

① 选定需要分级显示的数据区。

② 单击 数据 菜单→ 组及分级显示 → 自动建立分级显示 。

【例1】 图 6.18 所示为某银行两个分理处的六个储蓄所十二个月的存款汇总表。其中第 6 行和第 10 行是两个分理处不同月份的储蓄汇总结果。第 E、I、M 和 Q 列是季度汇总结果。

	A	B	C	D	E	F	G	H	I	J	K	L	M	N	O	P	Q
1	某分理处存款汇总表																
2	部门\时间	一月	二月	三月	一季度	四月	五月	六月	二季度	七月	八月	九月	三季度	十月	十一月	十二月	四季度
3	一储蓄所	2000	2300	2400	6700	1700	1900	2400	6000	1800	1600	1700	5100	2500	1600	2200	6300
4	二储蓄所	2400	2000	2200	6600	1800	1700	2200	5700	1900	2200	1800	5900	1800	2200	2000	6000
5	三储蓄所	2100	2400	2400	6900	2000	2400	2100	6500	2400	1600	1600	5600	1900	2000	2000	5900
6	第一分理处	6500	6700	7000	20200	5500	6000	6700	18200	6100	5400	5100	16600	6200	5800	6200	18200
7	A储蓄所	2200	1600	1700	5500	1900	2100	2400	6400	1900	2100	2000	6000	1900	2000	2400	6300
8	B储蓄所	2200	2000	2500	6700	2400	1600	2300	6300	2200	2200	1700	6100	2100	2400	2100	6600
9	C储蓄所	1600	2200	2400	6200	1700	2100	1600	5400	2100	1700	1600	5400	2300	1800	1900	6000
10	第二分理处	6000	5800	6600	18400	6000	5800	6300	18100	6200	6000	5300	17500	6300	6200	6400	18900

图 6.18　建立分级显示

若执行上述①和②操作后，系统自动建立分级显示，如图 6.18 所示。在行的左侧和列的上面都有用于折叠/展开显示数据表的按钮。图 6.19 所示为折叠显示后的结果。

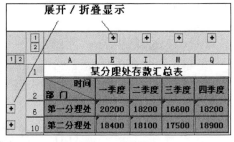

图 6.19　折叠显示

2．手动分级显示

用手动的方法建立分级显示，可以根据需要选择要分级的行和列，而且可以建立多级的分级显示。用手动的方法对指定的行/列分级显示的操作步骤如下。

① 选定包含需要分级显示的行/列。

② 单击 数据 菜单→ 组及分级显示 → 组合 →选择"行"或"列"。

【例2】 如果在图 6.18 中插入两列，分别存放"上半年"和"下半年"的存款累加和（见图 6.20 的 J 列和 S 列），现在为"J 列"和"S 列"建立分级显示的操作步骤如下。

	A	B	C	D	E	F	G	H	I	J	K	L	M	N	O	P	Q	R	S
1	某分理处存款汇总表																		
2	部门\时间	一月	二月	三月	一季度	四月	五月	六月	二季度	上半年	七月	八月	九月	三季度	十月	十一月	十二月	四季度	下半年
3	第一分理处	6500	6700	7000	20200	5500	6000	6700	18200	38400	6100	###	5100	16600	6200	5800	6200	18200	34800
4	一储蓄所	2000	2300	2400	6700	1700	1900	2400	6000	12700	1800	1600	1700	5100	2500	1600	2200	6300	11400
5	二储蓄所	2400	2000	2200	6600	1800	1700	2200	5700	12300	1900	2200	1800	5900	1800	2200	2000	6000	11900
6	三储蓄所	2100	2400	2400	6900	2000	2400	2100	6500	13400	2400	1600	1600	5600	1900	2000	2000	5900	11500
7	第二分理处	6000	5800	6600	18400	6000	5800	6300	18100	36500	6200	###	5300	17500	6300	6200	6400	18900	36400
8	A储蓄所	2200	1600	1700	5500	1900	2100	2400	6400	11900	1900	2100	2000	6000	1900	2000	2400	6300	12300

图 6.20　建立三级分级显示

① 选定 K2:R2。
② 单击 数据 菜单→ 组及分级显示 → 组合 →选择"列"。
③ 选定 B2:I2。
④ 单击 数据 菜单→ 组及分级显示 → 组合 →选择"列"。
建立分级显示后，如图 6.20 所示。图 6.21 所示为 "二级"折叠显示的结果。

		某分理处存款汇总表					
	A	E	I	J	N	R	S
1	某分理处存款汇总表						
2	部 门 \ 时间	一季度	二季度	上半年	三季度	四季度	下半年
3	第一分理处	20200	18200	38400	16600	18200	34800
4	一储蓄所	6700	6000	12700	5100	6300	11400
5	二储蓄所	6600	5700	12300	5900	6000	11900
6	三储蓄所	6900	6500	13400	5600	5900	11500
7	第二分理处	18400	18100	36500	17500	18900	36400
8	A储蓄所	5500	6400	11900	6000	6300	12300

图 6.21 折叠的分级显示

3．取消分级显示

清除所有的分级：单击数据表→ 数据 菜单→ 组及分级显示 → 清除分级显示 。

清除某个分级组：单击要取消的组所在的行/列→ 数据 菜单→ 组及分级显示 → 取消分组 ，选择"行"或"列"。

6.6.2 合并计算

1．用三维公式实现合并计算

如果公式中引用了多张工作表上的单元格地址，称该公式为三维公式。

【例3】 假设在一个工作簿的三张工作表"第一储蓄所"、"第二储蓄所"和"第三储蓄所"分别输入了 3 个储蓄所一月份～三月份的储蓄额（见图 6.22 上面的 3 个工作表），要求在"第一分理处"工作表按月统计 3 个储蓄所每个月的储蓄额合计。

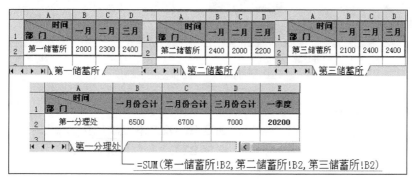

图 6.22 "三维公式"合并计算举例

操作步骤如下。
第一步：在 B2 输入公式计算 3 个储蓄所一月份的合计。
方法 1：

直接在"第一分理处"的 B2 输入公式：

=SUM(第一储蓄所!B2，第二储蓄所!B2，第三储蓄所!B2)

方法 2：

① 单击"第一分理处"工作表的 B2，输入"＝SUM（"。

② 单击"第一储蓄所"工作表标签，再单击 B2，输入"，"。

③ 单击"第二储蓄所"工作表标签，再单击 B2，输入"，"。

④ 单击"第三储蓄所"工作表标签，再单击 B2，输入"）"。

⑤ 按回车键后，输入的公式与用方法 1 输入的一样。

第二步：将"第一分理处"工作表 B2 单元格的公式，复制到 C2 和 D2。

第三步：在"第一分理处"工作表 E2 单元格输入公式："＝SUM(B2:D2)"。

2．按位置合并计算

如果所有要合并计算的数据是按同样的顺序和位置排列存放的，则可以通过位置进行合并计算。分析例 1，实际上是计算 3 个工作表的 3 个区域的第一个位置的数据累加和、第二个位置的数据累加和以及第三个位置的数据累加和。用公式计算需要先计算出第一个位置的累加和，然后再复制到其他的位置。如果用"按位置合并计算"，操作可能会简便些。

【例 4】 用"按位置合并计算"的方法，完成与例 3 同样的任务。

① 选定"第一分理处"的 B2:D2 单元格区域。

② 单击 数据 菜单→ 合并计算 。打开"合并计算"对话框（见图 6.23（a）），确定"函数"为"求和"，单击"引用位置"框。

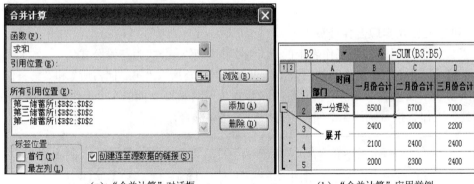

(a)"合并计算"对话框   (b)"合并计算"应用举例

图 6.23   "合并计算"对话框及应用举例

③ 单击"第一储蓄所"工作表标签，选定 B2:D2，单击 添加 按钮。

④ 单击"第二储蓄所"工作表标签，选定 B2:D2，单击 添加 按钮。

⑤ 单击"第三储蓄所"工作表标签，选定 B2:D2，单击 添加 按钮。

⑥ 选中"创建连至源数据的链接"，单击 确定 。

如果没有选择"创建连至源数据的链接"，合并计算的结果是数据，更改合并之前的数据不会更新合并后的结果。如果选择"创建连至源数据的链接"，合并计算的结果单元格内是公式（见图 6.23（b）），与合并前的数据之间有链接，如果合并前的数据被更改，合并计算结果会自动被更新。选择"创建连至源数据的链接"后，还会在合并计算的工作表中的左侧出现 ⊞

按钮，单击 + 按钮，可以在当前工作表中展开显示"源数据"。

3．按分类合并计算

如果要合并计算的数据具有相同的行标志或列标志，则可按分类进行合并计算。

【例5】 图6.24中有3个工作表分别记录了3种服装的件数，要求按"商品名"统计每一种服装的总件数。

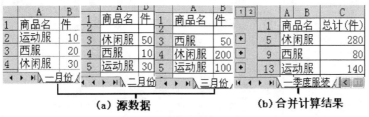

(a) 源数据　　　　　　(b) 合并计算结果

图 6.24　分类合并计算应用举例

注意：在原始数据的3个工作表中，各种服装存放的位置没有规律，因此不能用"按位置合并计算"，"按商品名"分类合并计算的操作步骤如下。

（1）在"一季度服装"工作表的A1和B1单元格分别输入"商品名"和"总计（件）"。

（2）单击"一季度服装"工作表的A2单元格。

（3）选择 数据 菜单→ 合并计算 ，打开"合并计算"对话框（见图 6.23（a）），确定"函数"为"求和"，单击"引用位置"框。

（4）单击"一月份"工作表标签，选定A2:B4，单击 添加 按钮。

（5）单击"二月份"工作表标签，选定A3:B5，单击 添加 按钮。

（6）单击"三月份"工作表标签，选定A3:B5，单击 添加 按钮。

（7）选中"标签位置"中的"最左列"。

（8）选中"创建连至源数据的链接"，单击 确定 （结果见图 6.24（b）"一季度服装"工作表）。

从以上的操作步骤可以看出，与按"位置"合并计算操作基本一样，但是要注意按"位置"合并计算时不选择"表头"，而按"分类"合并计算必须选中表头（分类项标签），并且在对话框要确认"标签"的位置。

6.7 列　　表

为了对一个工作表中的每一个数据区进行独立地管理，可以将每一个数据区创建为一个列表。一个工作表中可以创建多个列表，一个列表相当于一个独立的数据集，可以对列表进行筛选、添加行和创建数据透视表等操作。

1．创建列表

创建列表的操作步骤如下。

① 选定要创建列表的数据区或数据清单区域。

② 单击 数据 菜单→ 列表 → 创建列表 。

③ 如果所选择的区域有标题，请选中"列表有标题"→ 确定 （见图6.25）。

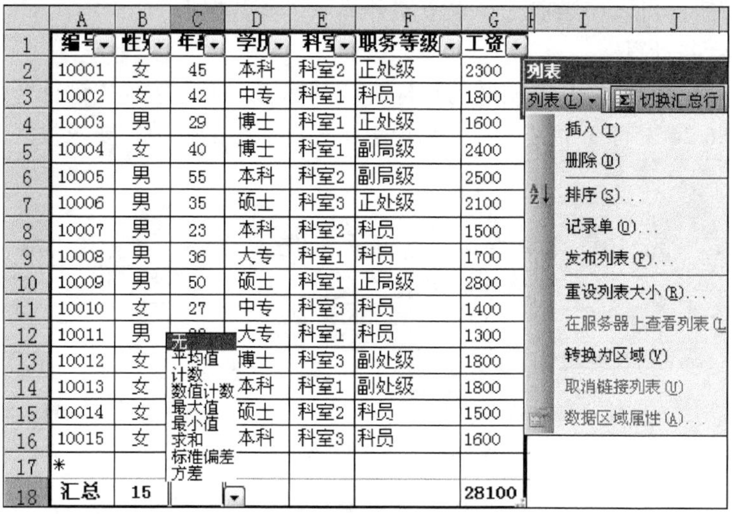

	A	B	C	D	E	F	G
1	编号	性别	年龄	学历	科室	职务等级	工资
2	10001	女	45	本科	科室2	正处级	2300
3	10002	女	42	中专	科室1	科员	1800
4	10003	男	29	博士	科室1	正处级	1600
5	10004	女	40	博士	科室1	副局级	2400
6	10005	男	55	本科	科室2	副局级	2500
7	10006	男	35	硕士	科室3	正处级	2100
8	10007	男	23	本科	科室2	科员	1500
9	10008	男	36	大专	科室1	科员	1700
10	10009	男	50	硕士	科室1	正局级	2800
11	10010	女	27	中专	科室3	科员	1400
12	10011	男	[illegible]	大专	科室1	科员	1300
13	10012	女		博士	科室3	副处级	1800
14	10013	女		本科	科室1	副处级	1800
15	10014	女		硕士	科室2	科员	1500
16	10015	女		本科	科室3	科员	1600
17	*						
18	汇总	15					28100

图 6.25 “列表”工具栏与“列表”举例

创建“列表”后，注意列表有以下特点。

- 在默认情况下，为“列表”的所有列启用自动筛选功能。自动筛选允许快速筛选或排序数据。
- 列表周围的深蓝色边框将“列表”与其他单元格分隔开。
- 包含星号的行是“插入行”。在该行输入数据后，将自动将数据添加到列表中并扩展列表的边框。
- 拖曳列表边框右下角的调整手柄，可修改列表大小。
- 自动显示“列表”工具栏。
- 单击“列表”工具栏中的“切换汇总行”按钮，可以为列表添加汇总行。
- 单击汇总行中的单元格时，将显示下拉菜单列表，可以在菜单中选择汇总方式（见图 6.25“列表”的最下面一行弹出的菜单所示）。
- 当列表处于非活动状态（活动单元格在“列表”以外的区域），不显示插入行标志和自动筛选按钮。

2．将列表恢复为区域

将“列表”恢复为数据区后，汇总行的统计结果以公式的形式保留。操作方法是：

单击列表区任何一个单元格，在“列表”工具栏“列表”子菜单上选择“转换为区域”。

习　题

一、选择题

1．在 Excel 中，下面是关于数据的分类汇总的论述，其中正确的表述是（　　）。

A）对数据清单中数据分类汇总前应先按分类项排序

B）对数据清单中数据分类汇总前按任意数据项排序即可

C）对数据清单中数据分类汇总前按第一列数据项排序即可

D）可以直接对任何工作表进行分类汇总

2．在 Excel 中对数据清单排序时，最多可以实现（　　）个字段的排序。

A）1　　B）2　　C）3　　D）大于 3

3．在 Excel 中，完成数据筛选时（　　）。

A）只显示符合条件的第一个记录　　B）显示数据清单中的全部记录

C）只显示符合条件的记录　　D）只显示不符合条件的记录

4．下面是关于数据透视表的几种说法，其中正确的说法是（　　）。

A）数据透视表与图表类似，它会随着数据清单中数据的变化而自动更新

B）用户可以在数据透视表上直接更改数据

C）数据透视表中数据只能以汇总的方式计算

D）如果数据清单中数据被改变，可以选择“数据透视表”工具栏上的“更新数据”自动更新数据透视表数据。

5．在 Excel 工作表中，使用“高级筛选”命令对数据清单进行筛选时，在条件区的同一行中输入两个条件，表示（　　）。

A）“非”的关系　　B）“与”的关系

C）“或”的关系　　D）“异或”的关系

二、思考题

1．数据透视表与分类汇总都能实现分类汇总吗？简述它们的功能与用途。

2．高级筛选的条件区有哪些规则？

3．在数据透视表中，数据区的字段可以选择的计算方式有哪些？

三、应用题

已知数据表如图 6.10 所示，建立图 6.26 和图 6.27 所示的数据透视表。

		学历					
职务等级	数据	本科	博士	大专	硕士	中专	总计
科员	计数项:编号	2		2	1	2	7
	平均值项:年龄	24		29	30	34.5	29.3
	平均值项:工资	1550		1500	1500	1600	1543
副处级	计数项:编号	1	1				2
	平均值项:年龄	32	35				33.5
	平均值项:工资	1800	1800				1800
正处级	计数项:编号	1	1		1		3
	平均值项:年龄	45	29		35		36.3
	平均值项:工资	2300	1600		2100		2000
副局级	计数项:编号	1	1				2
	平均值项:年龄	55	40				47.5
	平均值项:工资	2500	2400				2450
正局级	计数项:编号				1		1
	平均值项:年龄				50		50
	平均值项:工资				2800		2800
计数项:编号汇总		5	3	2	3	2	15
平均值项:年龄汇总		36	34.7	29	38.3	34.5	35.1
平均值项:工资汇总		1940	1933	1500	2133	1600	1873

图 6.26　数据透视表

计数项:编号	学历					
科室	本科	博士	大专	硕士	中专	总计
科室1	1	2	2	1	1	7
科室2	3			1		4
科室3	1	1		1	1	4
总计	5	3	2	3	2	15

图 6.27　数据透视表

第7章　函数与应用

在前面"常用函数"中已经介绍了 SUM、AVERAGE、MAX、MIN、COUNT、COUNTA、COUNTBLANK、ROUND、IF、COUNTIF 和 SUMIF 等常用函数，下面较全面地介绍 Excel 的数学函数、三角函数、统计函数、逻辑函数、数据库函数、财务函数、查找和引用函数、文本和数据函数、日期与时间函数等一些较实用的函数。

7.1　数学与三角函数及其应用

1．绝对值函数 ABS(数值型参数)

Excel 中的 ABS(x)等价于数学中的 $|x|$。

例如：ABS(5.8)=5.8　　　ABS(−4.3)=4.3

2．取整函数 INT(数值型参数)

功能：截取小于或等于数值型参数的最大整数。

例如：INT(3.6)=3　　　说明：小于 3.6 的最大整数是 3。

　　　INT(−3.6)= −4　　说明：小于−3.6 的最大整数是−4。

3．截取函数 TRUNC(数值型参数〔,小数位数〕)

功能：如果省略"小数位数"，默认为 0，截取参数的整数部分，否则保留指定位数的小数。TRUNC 和 INT 类似，都能截取整数部分，但是如果参数是负数，结果是不一样的。

例如：TRUNC(3.6)=3　　说明：3.6 截取整数部分等于 3。

　　　TRUNC(−3.6)= −3　说明：−3.6 截取整数部分等于−3。

TRUNC(5.627,1)=5.6　　说明：5.627 保留 1 位小数等于 5.6。

TRUNC(5.627,2)=5.62　说明：5.627 保留 2 位小数等于 5.62。

4．求余函数 MOD(被除数，除数)

功能：返回"被除数"除以"除数"的余数。

当除数与被除数的符号不同时，结果的符号与除数相同，结果是余数的"互补数"。

例如：

MOD(7，4)=3　　　　说明：7 除以 4 的余数是 3。

MOD(−7，−4)= −3　　说明：取除数的符号，因此结果为−3。

MOD(7，−4)= −1　　说明：符号不同取"互补数"，4−3=1，取除数的符号，结果为−1。

MOD(−7，4)=1　　　说明：理由同上，4−3=1，因此结果为 1。

5．正弦函数 SIN(x)、余弦函数 COS(x)

（1）SIN(x)功能：返回给定 x 的正弦值。其中 x 用弧度表示。

（2）COS(x)功能：返回给定 x 的余弦值。其中 x 用弧度表示。

如果 a 是度数，则 SIN a 用 SIN(a*PI()/180)来计算，其中 PI()是π=3.14159。

【例1】 用图形描述正弦与余弦的曲线。

在 Excel 中用图形描述正弦与余弦的曲线，可以用折线图来实现。一个完整的正弦或余弦曲线的周期是 360°，下面的图中是每隔 10°计算一个正弦和余弦的值，并且用折线图描述正弦和余弦的值。

第一步：在工作表中输入数据和公式（输入的结果见图 7.1）的步骤如下。

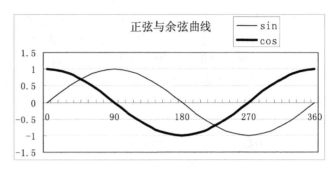

图 7.1 计算正弦和余弦值　　　　　　图 7.2 正弦与余弦曲线

① 在 A2:A38 单元格输入 0，10，20，～360 作为正弦和余弦函数的自变量（输入方法见第 1 章 "等差数列"）。

② 在 B1 和 C1 单元格分别输入 "sin" 和 "cos" 作为表头。

③ 在 B2 单元格输入公式=SIN(A2*PI()/180)，并复制到 B3:B38 单元格。

④ 在 C2 单元格输入公式=COS(A2*PI()/180)，并复制到 C3:C38 单元格。

第二步：建立图表。

① 选定 A1:C38 单元格区域。

② 单击 "常用" 工具栏中的 "图表向导" 按钮 。

③ 在 "图表类型" 中选择 "折线图"，在 "子图表类型" 中选择 "折线图"。

④ 单击 下一步 → 下一步，在 "图表选项" 对话框的 "标题" 选项卡输入图表的标题 "正弦与余弦曲线"，单击 完成。

第三步：修饰图表。

① 改变水平轴的刻度和文字的大小。

鼠标指针指向带刻度的水平轴单击鼠标右键，选择 坐标轴格式；或者在 "图表" 工具栏的列表上选择 "分类轴"，再单击 "坐标轴格式" 按钮 。然后在 "刻度" 选项卡中对 X 轴的设置从上到下的数字分别是 "1"、"9"、"1"（按 9*10 的间隔标记刻度）。

② 改变垂直轴上的文字大小。

鼠标指针指向带刻度的垂直轴，单击鼠标右键，选择 坐标轴格式；或者在 "图表" 工具栏的列表上选择 "数值轴"，再单击 "坐标轴格式" 按钮 。在 "字体" 选项卡中设置字号为 "9 号" 字。

③ 改变 "绘图区" 的底色。

鼠标右击带有灰色底的绘图区，选择 "绘图区格式"，选择一种 "绘图区" 的底色。

④ 改变曲线的颜色与粗细。

鼠标右击一根曲线或者在"图表"工具栏的列表上选择"系列 sin"或者"系列 cos",再单击"数据系列格式"按钮。在"图案"选项卡中,改变曲线的颜色与粗细。

6．平方根函数 SQRT(数值型参数)

SQRT(x)等价于数学中的 $\sqrt{x}$。例如：SQRT(4)=2

7．随机函数 RAND()

功能：返回大于 0 及小于 1 的均匀分布的随机数。

例如：产生（0，10）之间的随机实数 RAND()*10

产生 a 与 b 之间的随机实数的公式：=a+RAND()*(b−a)

产生［0，10］之间随机整数的公式：=INT(RAND()*11)

产生［20，50］之间随机整数的公式：=20+INT(RAND()*31)

系统每次对工作表进行计算时,都会自动更新 RAND()的值。如果不希望 RAND 产生的随机数自动更新,可以用第 1 章介绍的"选择性粘贴"的方法,将公式转换为对应的数值。

8．对数函数 LN、LOG、LOG10

（1）自然对数函数 LN(b)

功能：返回 b 的自然对数。LN 函数是 EXP 函数的反函数。

例如：LN(1)=0　　　EXP(0)=1

（2）对数函数 LOG(b［，a］)

功能：返回以 a 为底,b 的对数。如果 a 省略,则认为底数为 10。

LOG(b［,a］)等价于数学中的 $LOG_a b$。

（3）常用对数 LOG10(b)

功能：返回以 10 为底,b 的对数。

9．指数函数 EXP(x)

功能：返回 e 的 x 次幂。等价于数学中的 e^x。

10．求幂函数 POWER(a，b)

功能：返回 a 的 b 次幂。等价于 a^b,表示 a^b。

例如：POWER(2，3)=8

7.2　统计函数及其应用

1．中位数函数 MEDIAN(参数 1，参数 2，…)

功能：返回一组数的中值。如果参加统计数据的个数为偶数,返回位于中间的两个数的平均值。

例如：MEDIAN(1,2,3)=2　　　　　　MEDIAN(2,5,3,8,11)=5

　　　MEDIAN(2,1,4,3)=2.5　（取 1,2,3,4 中的(2+3)/2=2.5）

2．众数函数 MODE(参数 1，参数 2，…)

功能：返回一组数中出现频率最高的数。如果数据中没有重复出现的数,返回错误值＃

N/A。

例如：MODE(2,5,6,5,8,6,11,6,8)=6

MODE(2,5,5,6,2,6,5,6)=5　（5 和 6 重复出现次数都是 3，取出现在最前面的）

3．频数函数 FREQUENCY(数据区，分段点区)

功能：以数组的形式返回“数据区”中数据的频数分布。

说明：数据区是指要分析的数据所在的区域，“分段点区”是为了告诉计算机各个分段的情况而建立的一个区域。如果分段区有 n 个数，则返回数组元素的个数最多为 $n+1$。

例如图 7.3 的中“分段点区”有 3 个数（I7:I9），那么统计结果最多 4 个。4 个统计结果分别是：小于等于第一个数的个数；大于第一个数且小于等于第二个数的个数；大于第二个数且小于等于第三个数的个数；大于第三个数的个数。用 FREQUENCY 需要注意以下几点：

（1）分段点区是一列连续的单元格区域，要求数据从小到大存放；

（2）“分段点区”中的每一个数据表示一个分段点，统计的结果是包含该数据以及小于该数据的个数；

（3）计算的结果是一个数组，必须按数组的要求输入函数。

【例 1】 统计图 7.3 所示的数据表中年龄小于 30，30～39，40～49 以及年龄大于 49 的人数。

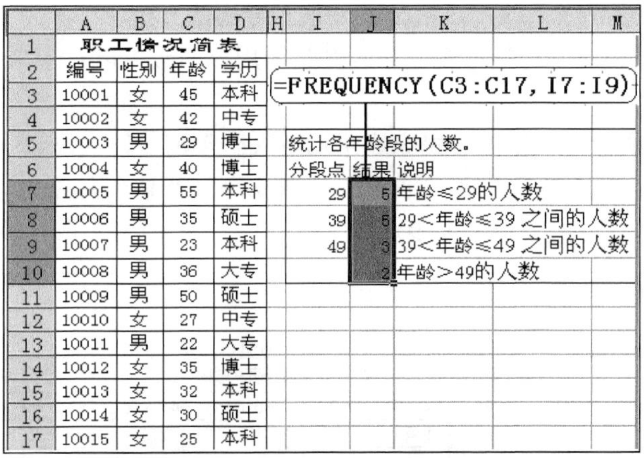

	A	B	C	D	I	J	K
1	职工情况简表						
2	编号	性别	年龄	学历	=FREQUENCY(C3:C17,I7:I9)		
3	10001	女	45	本科			
4	10002	女	42	中专			
5	10003	男	29	博士	统计各年龄段的人数。		
6	10004	女	40	博士	分段点	结果	说明
7	10005	男	55	本科	29	5	年龄≤29的人数
8	10006	男	35	硕士	39	6	29<年龄≤39 之间的人数
9	10007	男	23	本科	49	3	39<年龄≤49 之间的人数
10	10008	男	36	大专		2	年龄>49的人数
11	10009	男	50	硕士			
12	10010	女	27	中专			
13	10011	男	22	大专			
14	10012	女	35	博士			
15	10013	女	32	本科			
16	10014	女	30	硕士			
17	10015	女	25	本科			

图 7.3　频数函数应用举例

分析：所求的是 4 个年龄段的人数，因此分段点区要输入 3 个分段点数据。为了保证每一个区段都表示等于和小于区段点设置的数据，3 个分段点为 29、39 和 49。

操作步骤如下。

① 建立分段点区。例如在 I7:I9 单元格中输入 29、39 和 49 作为分段点数据（见图 7.3）。

② 选定 J7:J10 单元格，输入“=FREQUENCY(C3:C17,I7:I9)”，按 Ctrl+Shift+Enter 键。

4．标准差函数 STDEV(参数 1,参数 2,…)

标准差是反映一组数据与其平均值的离散程度。如果标准差比较小，说明数据与平均值的离散程度就比较小，则平均值能够反应数据的均值，具有统计意义。反之，如果标准差比较大，说明数据与平均值的离散程度就比较大（数据中可能含有非常大或非常小的数），则平均值在一定程度上失去数据“均值”的意义。

若有 x_1，x_2，…，x_n 共 n 个数，

$$\text{平均值}\quad \overline{x} = \frac{x_1 + x_2 + \cdots + x_n}{n} \qquad\qquad \text{标准差STDEV} = \sqrt{\frac{\sum_{i=1}^{n}\left(x_i - \overline{x}\right)^2}{n-1}}$$

【例2】 计算图 7.4 中的表 1 和表 2 的平均工资和标准差。

操作步骤如下。

① 在 B8 单元格输入公式 "=AVERAGE(B3:B7)"，并将该公式复制到 E8 单元格。

② 在 B9 单元格输入公式 "=STDEV(B3:B7)"，并将该公式复制到 E9 单元格。

从图 7.4 的表 1 和表 2 可以看出，两个表的平均工资是一样的 3020，但是表 1 的平均工资不能真正地反映平均的工资水平。这是因为表 1 中的大多数人的工资都

	A	B	C	D	E
1	表1			表2	
2	编号	工资		编号	工资
3	10001	1200		10006	3500
4	10002	1000		10007	2800
5	10003	1600		10008	3500
6	10004	10000		10009	2800
7	10005	1300		10010	2500
8	平均工资	3020		平均工资	3020
9	标准差	3908		标准差	455

图 7.4 平均值与标准差函数应用举例

低于 2000 元，远离平均工资，所以表 1 的平均工资已经失去了意义。通过标准差的对比，可以看出表 1 的标准差明显地大于表 2 的标准差。若标准差非常大，为了计算平均值，可能要考虑剔除非常大或非常小的数，再重新计算平均值。

5. 线性趋势值函数 FORECAST(x,数据系列 y,数据系列 x)

功能：依据数据系列 x 和 y，对给定的 x 值推导出的 y 值。

其中数据系列 x 和 y 分别是自变量和因变量，用该函数可以对未来销售额、消费趋势进行预测。

【例3】 图 7.5 所示为"城镇居民家庭平均每人全年消费性支出表（2004 年）[1]"中的两项统计数据"消费性支出（元）"和"食品"消费支出。若某个人 2004 年食品支出是 2000 元，请推测出他的消费支出大约是多少。

C6		fx	=FORECAST(2000, B4:J4, B5:J5)						
	A	B	C	D	E	F	G	H	I	J
1	城镇居民家庭平均每人全年消费性支出（2004年）								
3	项 目	总平均	最低收入户	困难户	低收入户	中等偏下户	中等收入户	中等偏上户	高收入户	最高收入户
4	消费性支出（元）	7182.10	2855.15	2441.12	3942.23	5096.15	6498.36	8345.70	10749.35	16841.82
5	食品	2709.60	1417.76	1248.87	1827.42	2201.88	2581.24	3130.75	3740.68	4914.64
6			4641.28							

图 7.5 线性趋势值函数应用举例

操作步骤：

例如在 C6 输入公式 "=FORECAST(2000,B4:J4,B5:J5)"。

计算结果 C6 单元格为 4641.28 元。

7.3 逻辑函数及其应用

1. 逻辑与函数 AND(参数 1，参数 2，...)

功能：所有的参数均为真值则函数为真值。否则，有一个参数为假值则函数为假值。

---

[1] 数据来源：中华人民共和国国家统计局网站 http://www.stats.gov.cn/

2．逻辑或函数 OR(参数 1，参数 2，…)

功能：有一个参数为真值则函数为真值。否则，若所有的参数均为假值则函数为假值。

3．逻辑非函数 NOT(参数)

功能：函数值取参数的反值。参数值为真则函数值为假。否则，参数值为假，函数值为真值。

【例 1】　计算图 7.6 中的工资"补助 1"和"补助 2"。计算标准如下：

	A	B	C	D	E	F	G	H	I
1				职工情况简表					
2	编号	性别	年龄	学历	科室	职务等级	工资	补助1	补助2
3	10001	女	45	本科	科室2	正处级	2300	300	0
4	10002	女	42	中专	科室1	科员	1800	100	0
5	10003	男	29	博士	科室1	正处级	1600	300	100
6	10004	女	40	博士	科室1	副局级	2400	500	0
7	10005	男	55	本科	科室2	副局级	2500	500	0
8	10006	男	35	硕士	科室3	正处级	2100	300	0
9	10007	男	23	本科	科室2	科员	1500	100	0
10	10008	男	36	大专	科室1	科员	1700	100	0
11	10009	男	50	硕士	科室1	正局级	2800	500	0
12	10010	女	27	中专	科室3	科员	1400	100	0
13	10011	男	22	大专	科室1	科员	1300	100	0
14	10012	女	35	博士	科室3	副局级	1800	300	100
15	10013	女	32	本科	科室1	副局级	1800	300	100
16	10014	女	30	硕士	科室2	科员	1500	100	0
17	10015	女	25	本科	科室3	科员	1600	100	0

图 7.6　逻辑函数的应用举例

- 补助 1 的计算标准是：局级 500，处级 300，其余人员 100；
- 补助 2 的计算标准是：处级以上且工资低于 2000 的补助 100。

在 H3 单元格输入公式计算"补助 1"：

=IF(OR(F3="正局级",F3="副局级"),500,IF(OR(F3="正处级",F3="副处级"),300,100))

在 I3 输入公式计算"补助 2"：

=IF(AND(NOT(F3="科员"),G3<2000),100,0)

或=IF(AND(F3<>"科员",G3<2000),100,0)

7.4　数据库函数及其应用

7.4.1　数据库函数的格式与约定

数据库函数的格式：

函数名(database，field，条件区)

说明：

（1）database 是数据清单区。

（2）field 用于指明要统计的列，field 可以是：

- 字段名所在的单元格地址；
- 带英文双引号的"字段名"；
- "列"在数据清单中的位置（用数字表示）："1"表示第 1 列，"2"表示第 2 列，等等。

例如以图 7.6 为例，以下 3 个公式是等价的。

　　　=DAVERAGE(A2:I17,C2,M7:M8)

等价　　=DAVERAGE(A2:I17, "年龄", M7:M8)

等价　　=DAVERAGE(A2:I17,3,M7:M8)

（3）条件区的约定与"高级筛选"的条件区完全一样，见有关"高级筛选"中的介绍。

7.4.2　数据库函数与应用举例

1．数据库函数

（1）求和函数 DSUM(database，field，条件区)

功能：对 database 的"field"字段求满足"条件区"条件的数据的累加和。

说明：DSUM 与 SUM 不同，SUM 可以求任意位置的数据累加和，DSUM 只能求数据清单中一列数据中满足条件的数据累加和。

DSUM 包含了 SUMIF 的功能。SUMIF 只能对给定的一个条件求数据的累加和，而 DSUM 可以对给定的多个条件求指定的列数据的累加和。

（2）求平均值 DAVERAGE(database，field，条件区)

功能：对 database 的"field"字段求满足"条件区"条件的数据的平均值。

（3）求最大值 DMAX(database，field，条件区)

功能：对 database 的"field"字段求满足"条件区"条件的数据的最大值。

（4）求最小值 DMIN(database，field，条件区)

功能：对 database 的"field"字段求满足"条件区"条件的数据的最小值。

（5）统计数值型数据的个数 DCOUNT(database，[field]，条件区)

功能：在 database 中查找满足"条件区"条件的记录，统计满足条件的记录中"field"字段中存放数值型数据的单元格的个数。

如果"field"省略（逗号不能省），对"数据清单区"求满足"条件区"条件的记录的个数。

（6）统计个数 DCOUNTA(database，[field]，条件区)

功能：在 database 中查找满足"条件区"条件的记录，统计满足条件的记录中"field"字段中非空单元格的个数。

如果 field 省略（逗号不能省），对 database 求满足"条件区"条件的记录的个数（此时的功能与 DCOUNT 相同）。

2．数据库函数应用举例

下面以图 7.6 所示的数据清单为例，介绍数据库函数的使用。为了操作方便，将图 7.6 的数据清单区 A2:I17 命名为"职工表"。以下 6 个例题所用的 6 个条件区已经建立，如图 7.7 所示。公式已经输入在 K 列，并显示计算结果（见图 7.7 的 K 列）。有关题目的要求和具体操作见下面的例题。

【例 1】　统计职务等级为"正处级"和"副处级"的平均年龄和最大年龄。

（1）建立条件区。见图 7.7 中 M2:M4。

（2）统计平均年龄。在 K2 单元格输入公式：=DAVERAGE(职工表,C2,M2:M4)

（3）统计最大年龄。在 K3 单元格输入公式：=DMAX(职工表,C2,M2:M4)

	K	L	M	N	O	P	Q	R
1	统计结果	说明	例1		例3			例5
2	35.2	正(副)处平均年龄	职务等级		科室	性别		
3	45	正(副)处级最大年龄	正处级		科室1			FALSE
4	7800.0	科室2的工资总和	副处级			男		
5	4	科室2的人数						
6	10	科室1或"男"的人数	例2		例4			例6
7	4	科室1且"男"的人数	科室		科室	性别		工资
8	10	低于平均工资的人数	科室2		科室1	男		<1500
9	2	工资低于1500的人数						

图 7.7　数据库函数的应用

【例 2】　统计"科室 2"的工资总和以及人数。

（1）建立条件区。见图 7.7 中 M7:M8。

（2）统计"科室 2"的工资总和。在 K4 单元格输入公式：=DSUM(职工表,G2,M7:M8)

（3）统计"科室 2"的人数。在 K5 单元格输入公式：=DCOUNTA(职工表,,M7:M8)

【例 3】　统计"科室 1"或性别为"男"的人数。

（1）建立条件区。见图 7.7 中 O2:P4。

（2）在 K6 单元格输入公式：=DCOUNTA(职工表,,O2:P4)

【例 4】　统计"科室 1"的男同志的人数。

（1）建立条件区。见图 7.7 中 O7:P8。

（2）在 K7 单元格输入公式：=DCOUNTA(职工表,,O7:P8)

【例 5】　统计低于平均工资的人数。

（1）建立条件区。R2 单元格为空，在 R3 单元格输入公式：=G3<AVERAGE($G$3:$G$17)

（2）在 K8 单元格输入公式：=DCOUNT(职工表,,R2:R3)

【例 6】　统计工资低于 1500 的人数。

（1）建立条件区。见图 7.7 中 R7:R8。

（2）在 K9 单元格输入公式：=DCOUNT(职工表,,R7:R8)

7.5　财务函数及应用

1. 偿还函数 PMT(rate,nper,pv,[fv[,type]])

功能：基于固定利率及等额分期付款方式，返回投资或贷款的每期付款额。其中"未来值"和"类型"可省略。如果省略，默认值为 0。

说明：

PMT 有两个功能，一个是求投资的每期付款额，另一个是求贷款的每期付款额。若是基于固定利率并采用及等额分期付款的方式向银行或金融机构贷款，求贷款的每期付款额,则"未来值"(fv=0)。

其中：

● 期利率(rate)为各期利率；

● 期数(nper)为总投资（或贷款）的付款期的总数；

● 现值(pv)为从投资（贷款）开始计算，未来付款的累积和，也称为本金；

● 未来值(fv)为最后一次付款后希望得到的现金余额；

● 类型(type)为 1 或 0，指定各期的付款时间是在期初（1 表示）还是期末（0 表示）。

注意：rate 和 nper 的单位应一致，例如"一期"为"一个月"或"一年"。

【例 1】　银行向某个企业贷款 20 万元，2 年还清的年利率为 5.76%，计算企业月支付额。

=PMT(5.76%/12，24，200000)等于￥-8,842.51

对于同一笔贷款，如果支付期限在每期的期初，支付额为：

=PMT(5.76%/12，24，200000，0，1)等于￥-8,800.27

【例 2】　银行以 5.22%的年利率贷出 8 万，并希望对方在半年内还清，计算将返回的每月所得款数。

=PMT(5.22%/12，6，80000)等于￥-13,537.07

【例 3】　如果以按月定额存款方式在 10 年中存款 50,000，假设存款年利率为 3.8%，计算月存款额。

=PMT(3.8%/12, 10*12, 0, 50000) 等于￥-343.15

【例 4】　图 7.8（a）所示为贷款表，包括贷款总额、年期和贷款年利率。要求按表中所给的条件，分别计算按"月"和"年"分期（期初、期末）付款的金额。

贷款（计算分期付款额）						定额存款（投资）				
贷款总金额	年期	年利率	付款时间	按月付款	按年付款	总金额（未来值）	年期	年利率	存款时间	月存款额
200000	2	5.76%	期初	-8,800.27	-102,799.38	20000	3	2.1%	期初	-537.78
200000	2	5.76%	期末	-8,842.51	-108,720.62	20000	3	2.1%	期末	-538.73
100000	5	5.85%	期初	-1,916.97	-22,336.18	100000	4	2.70%	期初	-1,970.76
100000	5	5.85%	期末	-1,926.31	-23,642.85	100000	4	2.70%	期末	-1,975.20
100000	10	6.12%	期初	-1,110.58	-12,876.13	1000000	10	3.80%	期初	-6,841.40
100000	10	6.12%	期末	-1,116.24	-13,664.15	1000000	10	3.80%	期末	-6,863.07

=PMT(C3/12,B3*12,A3,0,IF(D3="期末",0,1))
=PMT(C3,B3,A3,0,IF(D3="期末",0,1))
=PMT(C3/12,B3*12,0,A3,IF(D3="期末",0,1))

（a）　　　　　　　　　　　　（b）

图 7.8　PMT 函数应用举例

（1）计算按"月"分期付款的金额。

在 E3 单元格输入公式：=PMT(C3/12,B3*12,A3,0,IF(D3="期末",0,1))

（2）计算按"年"分期付款的金额。

在 F3 单元格输入公式：=PMT(C3,B3,A3,0,IF(D3="期末",0,1))

然后再选定 E3:F3，拖曳"填充柄"向下复制到第 8 行。

【例 5】　图 7.8（b）所示为定额存款（投资）表，包括预期未来的存款总额、年期、年存款利率和付款时间。要求计算定额存款（期初、期末）的月存款额。

在 E3 单元格输入公式：=PMT(C3/12,B3*12,0,A3,IF(E3="期末",0,1))

然后再将 E3 单元格中的公式复制到 E4:E8 求得其他项目的分期付款的金额。

2．可贷款函数 PV(rate, nper, pmt,fv,type)

功能：返回投资的现值。现值为一系列未来付款的当前值的累加和。例如，借入方的借入款，即是贷出方的贷款现值。

说明：期利率(rate)、期数(nper)、未来值(fv)和类型(type)与 PMT 函数中的含义相同。每期得到金额(pmt)为各期所应付给（或得到）的金额，其数值在整个年金期间（或投资期内）保持不变。

【例 6】　某个企业每月偿还能力在 200 万，准备引进新设备向银行贷款，贷款利率为 6%

（复利），分 12 个月还清，计算出银行可贷款给该企业的钱数。

=PV(6%/12,12,200) 等于 ￥−2,323.79　　　银行可贷款 2,323.79 万。

3．未来值函数 FV(rate,nper,pmt,pv,type)

功能：基于固定利率及等额分期付款方式，返回某项投资的未来值。

说明：期利率(rate)、期数(nper)、现值(pv)和类型(type)与 PMT 函数中的含义相同。pmt 为每期所应付给（或得到）的金额。如果省略 pmt，则必须包括 pv。

【例 7】如果将 2000 元以年利 2.5%存入银行一年，并在以后十二个月的每个月初存入 300，则一年后银行账户的存款额为多少？

=FV(2.5%/12, 12, −300, −2000, 1)等于 5699.7

4．返回投资的总期数函数 NPER(rate, pmt, pv, fv, type)

功能：基于固定利率及等额分期付款方式，返回投资的总期数。

说明：其中 rate,pv, fv, type 的含义见 PMT 函数，pmt 的含义见 PV 函数。

5．返回年金的各期利率函数 RATE(nper,pmt,pv,fv,type,guess)

功能：基于固定利率及等额分期付款方式，年金的各期利率。

说明：其中 nper，pv，fv，type 的含义见 PMT 函数。pmt 的含义见 PV 函数。如果省略 pmt，则必须包含 fv 参数。guess 为预期利率，默认值为 10%。

7.6　日期函数及其应用

1．日期函数

（1）取日期的天数函数 DAY(日期参数)

功能：用整数（1～31）返回日期在一个月中的序号。

例如：DAY("2008/10/1")=1

（2）取日期的月份函数 MONTH(日期参数)

功能：用整数（1～12）返回日期的月份。

例如：MONTH("2008/10/1")=10

（3）取日期的年函数 YEAR(日期参数)

功能：用 4 位整数返回日期的年份。

例如：YEAR("2008/7/19")=2008

（4）取当前日期和时间函数 NOW()

功能：返回当前计算机系统的日期和时间，包括年、月、日和时间。

说明：NOW()函数的值会根据计算机系统的不同的日期和时间自动更新。

例如：若输入=NOW()显示 2006/7/19　15:48:57，按 F9 键或编辑其他单元格，系统重新计算日期和时间。

（5）取当前日期函数 TODAY()

功能：返回当前计算机系统的日期，包括年、月、日。

说明：TODAY()函数的值会根据计算机系统的不同的日期自动更新。

（6）建立日期函数 DATE(Year,Month,Day)

功能：用 3 个数值型数据组成一个日期型数据。

例如：DATE(2008,10,1)=2008/10/1

2．日期函数应用举例

【例1】 计算 2008 年奥运会距离现在还有多少天。

输入公式：=DATE(2008,8,8)-today()

【例2】 表 7.1 所示为某个人的个人定期存款表。要求在存款到期后，能在"到期提示"列自动显示"存款到期"提示信息，以便及时取款。

在 F2 单元格输入公式：=IF(NOW()>E2,"存款到期","")，再将该公式复制到 F3:F7（结果见表 7.1 的 F 列）。

表 7.1　　　　　　　　　　　　　　个人定期存款表

	A	B	C	D	E	F
1	存　款　额	期　　限	期　　限	存　款　日　期	取　款　日　期	到　期　提　示
2	10000	三个月	0.25	2006/1/1	2006/4/1	存款到期
3	10000	六个月	0.5	2006/8/5	2007/2/5	
4	15000	一　年	1	2005/9/4	2006/9/4	
5	30000	二　年	2	2004/5/8	2006/5/8	存款到期
6	20000	三　年	3	2006/2/1	2009/2/1	
7	20000	五　年	5	2006/6/8	2011/6/8	

【例3】 根据图 7.9 所示的"B 列"职工的出生日期，计算职工到目前为止的年龄。

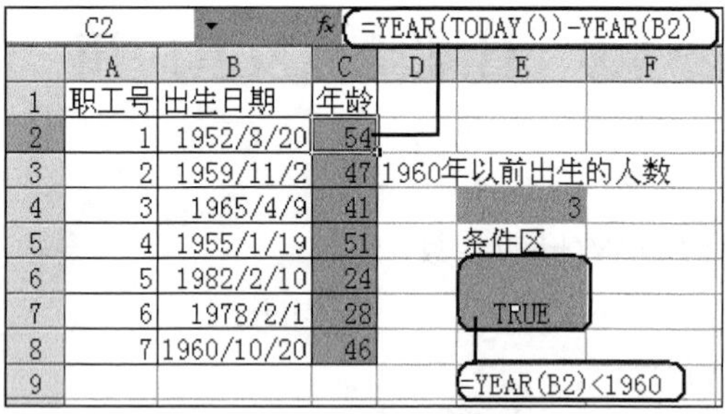

图 7.9　日期函数应用举例

如果在"职工情况表"中填写"出生日期"，要比填写"年龄"更科学。因为随着年龄的增长，所填写的"年龄"已经失去意义。因此最好填写"出生日期"，再根据"出生日期"计算到目前为止的年龄。操作方法是：

在 C2 单元格输入公式：=YEAR(TODAY())-YEAR(B2)，然后再复制到 C3:C8。

【例4】 统计图 7.9 所示的数据表中 1960 年以前出生的人数（不含 1960 年出生的）。操作如下。

① 建立条件区：E6 为空单元格，在 E7 单元格输入公式：=YEAR(B2)<1960。

② 在 E4 单元格输入公式计算 1960 年以前出生的人数：

=DCOUNT(A1:C8 , , E6:E7)

7.7　查找和引用函数及应用

1．按列查找函数 VLOOKUP(查找值，数据区，列标，匹配类型)

功能：在"数据区"的"首列"查找"查找值"，找到后返回"查找值"所在行中指定"列标”处的值。

匹配类型的值与含义如下。

- 0 或 FALSE：精确比较。如果没找到“查找值”，返回错误值＃N/A!。
- 省略、1 或 TRUE：取近似值。如果没找到“查找值”，返回小于“查找值”的最大值。

【例 1】 已知图 7.10 中有两个表“人民币存款利率表”和“个人存款”。其中“人民币存款利率表”存放了人民币整存整取的存款利率表，“个人存款”表输入了某个人的多笔“整存整取”存款的年限和“存款额”，要求计算出“个人存款”表中每笔存款的“到期本息”。

	A	B	C
1	人民币存款利率表		
2	整存整取	年利率(%)	存款(年)
3	三个月	1.71	0.25
4	半年	2.07	0.5
5	一年	2.25	1
6	二年	2.7	2
7	三年	3.24	3
8	五年	3.6	5
9			

利率表 / 7.7例1 / 税

	A	B	C
1	个人存款		
2	整存整取	存款额	到期本息
3	三年	1000	10776.00
4	一年	2000	5600.00
5	五年	500	9700.00
6	三个月	1000	592.00
7	一年	2000	5600.00
8	一年	1000	2800.00
9	半年	3000	3984.00
10	五年	1000	19400.00
11	三年	700	7543.20

=(1+VLOOKUP(A3,利率表!$A$3:$B$8,2,0)*0.8)*B3*VLOOKUP(A3,利率表!$A$3:$C$8,3,0)

图 7.10　VLOOKUP 函数应用举例

解题思路：求存款“年利率”（考虑扣除 20%利息税）：

年利率=VLOOKUP(A3,利率表!$A$3:$B$8,2,0)*0.8

求“存款年限”（数字）：

存款年限=VLOOKUP(A3,利率表!$A$3:$C$8,3,0)

到期本息=(1+年利率)*存款额*存款年限

【例 2】 根据图 7.11 中的“税率表”计算“工资表 2”的工薪税（设缴纳工薪税的免征额为 1600 元）。

	A	B	C	D	E
1	个人所得税税率表				
2	级数	全月应纳税所得额	纳税	税	速算扣除
3	1	不超过500元的部分	0	5%	0
4	2	超过500元至2000元的部分	500	10%	25
5	3	超过2000元至5000元的部分	2000	15%	125
6	4	超过5000元至20000元的部分	5000	20%	375
7	5	超过20000元至40000元的部分	20000	25%	1375
8	6	超过40000元至60000元的部分	40000	30%	3375
9	7	超过60000元至80000元的部分	60000	35%	6375
10	8	超过80000元至100000元的部分	80000	40%	10375
11	9	超过100000元的部分	100000	45%	15375

税率表

	A	B	C	D	E	F	G
1	编号	基本工资	奖金	应发工资	计税工资	工薪税	实发工资
2	001	2000.00	800	2800.00	1200.00	95.00	2705.00
3	002	1500.00	2800	4300.00	2700.00	280.00	4020.00
4	003	3000.00	400	3400.00	1800.00	155.00	3245.00
5	004	2000.00	2400	4400.00	2800.00	295.00	4105.00
6	005	700.00	400	1100.00	0.00	0.00	1100.00
7	006	1500.00	2000	3500.00	1900.00	165.00	3335.00
8	007	1200.00	1500	2700.00	1100.00	85.00	2615.00
9	008	800.00	100	900.00	0.00	0.00	900.00
10	009	3000.00	2200	5200.00	3600.00	415.00	4785.00

工资表

=IF(D2>1600,D2-1600,0)

=IF(E2=0,0,VLOOKUP(E2,税率表!$C$2:$E$11,2,1)*E2-VLOOKUP(E2,税率表!$C$2:$E$11,3,1))

图 7.11　用 VLOOKUP 计算工薪税

解题思路：首先求计税工资。如果应发工资大于 1600，则计税工资=应发工资-1600，否则计税工资为 0，不需要扣税。

根据 E 列的"计税工资"（例如 E2=1200）在"税率表"的 C 列查找与"计税工资"相等的值。如果没有相等的值，找小于"计税工资"的最大值（例如 C4=500），返回对应行的"税率"（例如 10%），用"税率"与"计税工资"相乘之后再减去"速算扣除"（例如 25）。在 F2 单元格输入公式：

=IF(E2=0,0,VLOOKUP(E2,税率表!$C$2:$E$11,2,1)*E2-VLOOKUP(E2,税率表!$C$2:$E$11,3,1))

再将 F2 单元格的公式复制到 F3:F9 单元格，计算其他人员的工薪税。

在 G2 单元格计算实发工资，输入公式：=D2-F2

2．按行查找函数 HLOOKUP(查找值，数据区，行标，匹配类型)

功能：在"数据区"、"首行"查找"查找值"，找到后返回所在列中指定"行标"处的值。

HLOOKUP 与 VLOOKUP 的功能基本一样，只是 HLOOKUP 在"数据区"的第一行查找。

3．数组转置函数 TRANSPOSE(数据区)

功能：将函数中数据区的数据转置。即行数据转为列数据，列数据转为行数据。

【例 3】 将 A1:B3 单元格区域的数据转置，存放到 D1:F2 单元格区域。

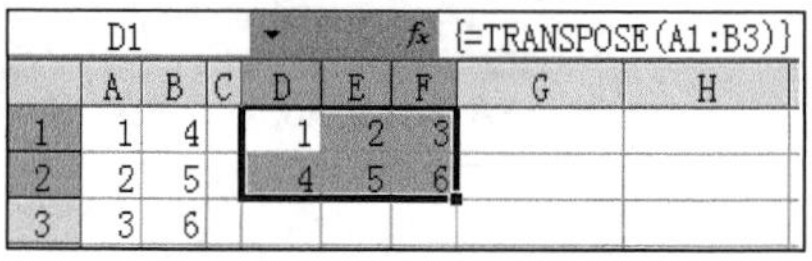

图 7.12 转置函数应用举例

操作步骤如下。

① 选定 D1:F2。

② 在编辑栏输入公式"=TRANSPOSE(A1:B3)"，同时按 Ctrl+Shift+Enter 键。

另外，用编辑菜单中的选择性粘贴也能实现转置。

4．返回行号函数 ROW（[参数]）

功能：返回引用的行号。

例如 ROW()返回当前公式所在行的行号；ROW(D3)返回行号 3。

【例 4】 将选定的单元格区域中奇数行改变底色。

① 选定单元格区域，单击格式菜单→条件格式。

② 在列表中选择"公式"，在文本框输入"=mod(row(),2)=1"，单击格式按钮，在"图案"选项卡选择一种底色→确定。

5.返回列号函数 COLUMN（[参数]）

功能：返回给定引用的列标。

7.8 文本函数及其应用

1．文本函数

在下面介绍的函数中，请注意以下两点。

● 字符串 S 可以是字符串常数或文本型的公式。

● 若两个函数名的不同仅在于一个函数名的后面多一个"B",则带"B"的函数中一个汉字为 2 个字符;不带"B"的函数中一个汉字为 1 个字符。请参考 LEN 和 LENB。

(1)字符串长度函数 LEN(S)、LENB(S)

功能:返回字符串的长度。

LEN 与 LENB 的区别是:

● LEN 中的一个汉字为 1 个字符。

● LENB 中的一个汉字为 2 个字符。

例如:LEN("计算机 CPU")=6

LENB("计算机 CPU")=9

(2)截取子串函数 MID(S,m,n)、MIDB(S,m,n)

功能:返回 S 串从 m 位置开始的共 n 个字符或文字。

MID("计算机中央处理器 CPU",4,5)="中央处理器"

MIDB("计算机中央处理器 CPU",7,4)="中央"

MID("CPU",2,1)="P"

(3)截取左子串函数 LEFT(S[,n])

功能:返回 S 串最左边的 n 个字符。如果省略 n,默认 n=1。

LEFT("计算机中央处理器 CPU",4)="计算机中"

LEFTB("计算机中央处理器 CPU",4)="计算"

(4)截取右子串函数 RIGHT(S[,n])、RIGHTB(S[,n])

功能:返回 S 串最右边的 n 个字符。如果省略 n,默认 n=1。

RIGHT("计算机中央处理器 CPU",6)="处理器 CPU"

RIGHTB("计算机中央处理器 CPU",9)= "处理器 CPU"

(5)删除首尾空格函数 TRIM(S)

功能:删除 S 的前后空格。

(6)数值转文本函数 TEXT(数值型数据,格式)

功能:按给定的"格式"将"数值型数据"转换成文本型数据。

格式符"#":显示有效数字(不显示前导 0 和无效 0)

格式符"0":显示有效数字(若 0 格式符的位置无有效数字,显示 0)

格式定义最后为",",显示格式缩小"千"

格式定义最后为",,",显示格式缩小"百万"

例如:TEXT(12.345,"$##,##0.00")=$12.35

　　　TEXT(37895,"yy-mm-dd")=03-10-01(结果为文本型,其中 37895 与日期 03-10-01 等值)

(7)四舍五入转换文本函数 FIXED(数值型数据[,n][,逻辑值])

功能:对"数值型数据"进行四舍五入并转换成文本数字串。

当 n>0 时,对数据的小数部分从左到右的第 n 位四舍五入;

当 n=0 时,对数据的小数部分最高位四舍五入取数据的整数部分;

当 n<0 时,对数据的整数部分从右到左的第 n 位四舍五入。

如果省略 n,默认 n=2。

如果"逻辑值"为 FALSE 或省略，则返回的文本中包含逗号分隔符。

FIXED 函数的功能与 ROUND 基本一样，不同的是 FIXED 的结果是文本型数据，且可以选择是否带逗号分隔符。

例如：=FIXED(1234.56,−1)的结果是 1,230。

（8）文本转数值函数 VALUE(S)

例如：VALUE("12.80") =12.8　　　　VALUE("AB")= #VALUE!

（9）大小写字母转换函数 LOWER(S)、UPPER(S)

LOWER 与 UPPER 都不改变文本中的非字母的字符。

● 转换为小写字母函数 LOWER(S)　例如：=LOWER("aBCdE")的结果是"abcde"。

● 转换为大写字母函数 UPPER(S)　例如：=UPPER("aBCdE")的结果是"ABCDE"。

（10）替换函数 REPLACE(S1,m,n,S2)、REPLACEB(S1,m,n,S2)

功能：结果为 S1，但是 S1 中从 m 开始的 n 个字符已经被 S2 替换。

例如：=REPLACE("abcdef",2,3,"x")的结果是"axef"

　　　=REPLACE("abcd",1,2,"xyz")的结果是"xyzcd"

（11）比较函数 EXACT(S1,S2)

功能：比较两个字符串是否完全相等。如果字符串 S1 等于字符串 S2 返回 TRUE，否则返回 FALSE。只有 S1 与 S2 的长度相等且按位相等（区分大小写字母）结果为 TRUE。

例如：EXACT("EXCEL","Excel")=FALSE　　　　EXACT("abc","ab")=FALSE

（12）查找函数 FIND(sub，S，n)、FINDB(sub，S，n)

功能：从 S 串的左起第 n 个位置开始查找 sub 子串，返回 sub 子串在 S 中的起始位置。如果在 S 中没有找到 sub，返回＃VALUE！。FIND 区分大小写，sub 中不允许使用通配符。

例如：FIND("ab","xaBcaba",1)=5　　　　FIND("计算机","中国计算机",1)=3

　　　FINDB("计算机","中国计算机",1)=5

（13）搜索函数 SEARCH(sub，S，n)、SEARCHB(sub，S，n)

功能：与 FIND 基本一样，但是 SEARCH 不区分大小写，sub 中允许使用通配符。通配符包括问号（"?"可匹配任意的单个字符）和星号（"*"可匹配任意一串字符)。如果要查找真正的问号或星号，在问号或星号的前面键入波形符("～")。

例如：SEARCH("ab","xaBcaba",1)=2（注意 SEARCH 不区分大小写）。

（14）重复文本函数 REPT(S,n)

功能：返回字符串 S 的 n 个重复文本。

例如：=REPT("+-",3)的结果是"+-+-+-"

2．应用举例

【例 1】 数值型数据转换为文本型数据。

如果在图 7.13 所示的 A 列输入数值型的数字序列 1001，1002，…，转换为文本型数据后可以带前导"0"。

例如在 B2 单元格输入公式：=TEXT(A2,"0")，复制到 B3:B6。B 列的数据为文本型数据。

例如在 C2 单元格输入公式：=TEXT(A2,"000000")，复制到 C3:C6。C 列的数据为带两个前导"0"的文本型数据。

【例2】 文本型数据转换为数值型数据。

如果在图 7.13 所示的 E 列输入文本型数列'101，'102，…，转换为数值型数据的操作是：在 F2 单元格输入公式：=VALUE(E2)，复制到 F3:F6。

【例3】 如果在图 7.14 所示的 A 列和 B 列分别存放了"基金代码"和"基金简称"，用字符串函数与字符串运算得到 C 列，然后再将 C 列分解为 D 列和 E 列。

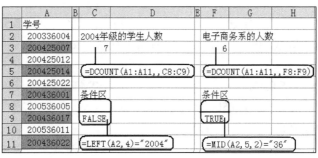

图 7.13　转换函数应用举例　　　　　图 7.14　字符串与子字符串应用举例

（1）由 A 列和 B 列得到 C 列的操作是：

在 C2 单元格输入公式"=B2&"("&A2&")""，然后再复制到 C3:C6。

（2）由 C 列得到 D 列的操作是：

在 D2 单元格输入公式"=MID(C2,1,FIND("(",C2,1)−1)"，然后再复制到 D3:D6。

（3）由 C 列得到 E 列的操作是：

在 E2 单元格输入公式"=MID(C2,FIND("(",C2,1),LEN(C2)−LEN(FIND("(",C2,1)))"或者"MID(C2,FIND("(",C2,1),LEN(C2)−FIND("(",C2,1)+1)"，然后再复制到 E3:E6。

【例4】 已知图 7.15 中的 A 列是学号，学号前 4 位代表年级，第 5～6 位代表专业（所在的学系）。要求统计"04"级的学生的人数，统计电子商务系（第 5～6 位为 36）的人数。

	A	B	C	D	E	F	G	H
1	学号							
2	200336004		2004年级的学生人数			电子商务系的人数		
3	200425007		7			6		
4	200425012							
5	200425014		=DCOUNT(A1:A11,,C8:C9)			=DCOUNT(A1:A11,,F8:F9)		
6	200425022							
7	200436001		条件区			条件区		
8	200536005							
9	200436017		FALSE			TRUE		
10	200536011							
11	200436022		=LEFT(A2,4)="2004"			=MID(A2,5,2)="36"		

图 7.15　字符串应用举例

（1）统计"04"级学生的人数。

① 建立条件区。在 C9 单元格输入公式：=MID(A2,3,2)="04"

或者：LEFT(4)= "2004"

② 在 C3 单元格输入统计公式：=DCOUNT(A1:A11,,C8:C9)

（2）统计电子商务系（第 5～6 位为 36）的人数。

① 建立条件区。在 F9 单元格输入公式：=MID(A2,5,2)="36"

② 在 F3 单元格输入统计公式：=DCOUNT(A1:A11,,F8:F9)

【例 5】 图 7.16 中的 A 列为单位名称，要求将 A 列中含有“中信实业银行”的文字更名为“中信银行”后放入 B 列。

	A	B	C	D
1	单位名称	更名		
2	北京　中信实业银行	北京 中信银行		
3	上海　中信实业银行	上海 中信银行		
4	中信实业银行广州分理处	中信银行广州分理处		
5	中信实业银行北京分理处	中信银行北京分理处		
6	中国中信	#VALUE!		
7				
8	=REPLACE(A2,FIND("中信实业银行",A2,1),6,"中信银行")			

图 7.16　字符串替换应用举例

解题思路：首先用查找函数 FIND 在 A 列对应位置查找“中信实业银行”，找到后确定它所在的起始位置。然后用 REPLACE 函数从确定的位置开始共 6 个文字用“中信银行”替换。操作方法是：

在 B2 单元格输入公式：=REPLACE(A2,FIND("中信实业银行",A2,1),6,"中信银行")，然后将该公式复制到 B3:B6。

如果 FIND 函数查找不到要找的字符串，返回＃VALUE!。

习　　题

一、选择题

1．用函数计算在年利率为 1.75%，每个月连续存款，连续存 5 年，5 年后存款额 50000 元，则每月需要存款多少元，以下正确的公式是（　　）。

A）=PMT(1.75%,5,0,50000)　　B）=PMT(1.75%,5,50000)

C）=PMT(1.75%/12,5*12,0,50000)　　D）=PMT(1.75%/12,5*12,50000)

2．银行向某企业贷款 500 万元，5 年还清的年利率为 6.6%，企业的年支付额的公式是（　　）。

A）=PMT(6.6%,5,0,50000)　　B）=PMT(6.6%,5,50000)

C）=PMT(6.6%/12,5*12,0,50000)　　D）=PMT(6.6%/12,5*12,50000)

3．VLOOKUP 函数的第一个参数是（　　）。

A）数据区　　B）查找值　　C）匹配类型　　D）列标

4．下列有关替换函数 REPLACE 的叙述，正确的是（　　）。

A）第一个参数和第四个参数可以是字符串

B）第一个参数和第三个参数可以是字符串

C）第二个参数和第三个参数可以是字符串

D）第二个参数和第四个参数可以是字符串

5．下列叙述正确的是（　　）。

A）SEARCH(sub，S，*n*)区分大小写字母，sub 中允许使用通配符

B）FIND(sub，S，*n*)区分大小写字母，sub 中允许使用通配符

C）FIND(sub，S，*n*)不区分大小写，sub 中允许使用通配符

D）SEARCH 不区分大小写，sub 中允许使用通配符

二、思考题

1．比较 SUM、DSUM 和 SUMIF 的区别与用途。

2．比较 COUNT、DCOUNT 和 COUNTIF 的区别与用途。

三、应用题

根据表 7.2 中的参加工作的时间，计算每一个人到现在时间为止的工龄。

表 7.2　　　　　　　　　　　　　工龄统计表

职 工 号	参加工作的时间	工 龄
1	1985/2/1	
2	1979/8/5	
3	1990/12/11	
4	2005/5/1	
5	1999/6/8	

第8章 数据分析

Excel 提供了非常实用的数据分析工具，利用这些分析工具，可解决数据管理中的许多问题，例如财务分析工具、统计分析工具、工程分析工具、规划求解工具、方案管理器等等。下面主要介绍财务管理与统计分析中常用的一些数据分析工具。

8.1 用假设方法求解

8.1.1 单变量求解

单变量求解是求解只有一个变量的方程的根，方程可以是线性方程，也可以是非线性方程。单变量求解工具可以解决许多数据管理中涉及一个变量的求解问题。

【例1】 某企业拟向银行以 7%的年利率贷款，期限为 5 年，企业每年的偿还能力为 100万元，那么企业最多总共可贷款多少？

设计如图 8.1 所示的计算表格，在 B2 单元格中输入公式："=PMT(B1,B3,B4)"，单击 工具 → 单变量求解，弹出"单变量求解"对话框，如图 8.2 所示。在"目标单元格"中输入"$B$2"，在"目标值"中输入"100"，在"可变单元格"中输入"$B$4"，然后单击 确定，则系统立即计算出结果，如图 8.1 所示，即企业最多总共可贷款 410.02 万元。

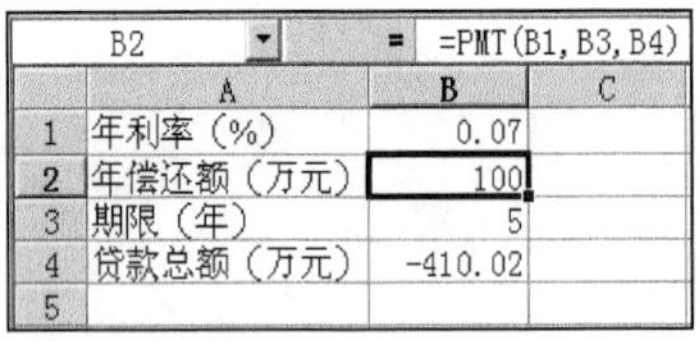

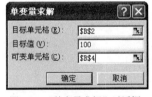

	A	B	C
	B2		=PMT(B1,B3,B4)
1	年利率（%）	0.07	
2	年偿还额（万元）	100	
3	期限（年）	5	
4	贷款总额（万元）	-410.02	
5			

图 8.1 贷款总额计算

图 8.2 "单变量求解"对话框

8.1.2 模拟运算表

模拟运算表是将工作表中的一个单元格区域的数据进行模拟计算，测试使用一个或两个变量对运算结果的影响。在 Excel 中，可以构造两种模拟运算表：单变量模拟运算表和双变量模拟运算表。

1. 单变量模拟运算表

单变量模拟运算表是基于一个输入变量,用它来模拟对一个或多个公式计算结果的影响。

【例2】 企业向银行贷款 10000 元，期限 5 年，使用"模拟运算表"模拟计算不同的利率对月还款额的影响，操作步骤如下。

① 设计模拟运算表结构，输入计算模型（A1:B3）及变化的利率（A6:A14）。

② 在 B5 单元格中输入公式：=PMT(B2/12, B3*12,B1)，如图 8.3 所示。

③ 选取包括公式和需要进行模拟运算的单元格区域 A5:B14。

④ 单击 数据 → 模拟运算表，弹出"模拟运算表"对话框，如图 8.4 所示。

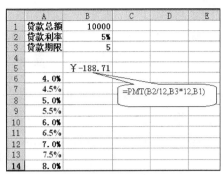

图 8.3　单变量模拟运算表

⑤ 由于本例中引用的是列数据，故在"输入引用列的单元格"编辑框中输入"$B$2"。单击 确定，即得到单变量的模拟运算表的计算结果，如图 8.5 所示。

图 8.4　"模拟运算表"对话框

	A	B
1	贷款总额	10000
2	贷款利率	5%
3	贷款期限	5
4		
5		￥-188.71
6	4.0%	-184.1652
7	4.5%	-186.4302
8	5.0%	-188.7123
9	5.5%	-191.0116
10	6.0%	-193.328
11	6.5%	-195.6615
12	7.0%	-198.012
13	7.5%	-200.3795
14	8.0%	-202.7639

图 8.5　单变量模拟运算表结果

2. 双变量模拟运算表

双变量模拟运算表比单变量模拟运算表要略复杂一些，双变量模拟运算表是考虑两个变量的变化对一个公式计算结果的影响，它与单变量模拟运算表的主要区别在于双变量模拟运算表使用两个可变单元格（即输入单元格）。双变量模拟运算表中的两组输入数值使用的是同一个公式，这个公式必须引用两个不同的输入单元格。

创建双变量模拟运算表的一般过程如下。

① 建立计算模型。

② 在工作表的某个单元格内，输入所需引用的两个输入单元格的公式。

③ 在公式下面同一列中键入一组输入数值，在公式右边同一行中键入第二组输入数值。

④ 选定包含公式以及数值行和列的单元格区域。

⑤ 单击 数据 → 模拟运算表，弹出"模拟运算表"对话框。

⑥ 在"输入引用行的单元格"编辑框中，输入要由行数值替换的输入单元格的引用。

⑦ 在"输入引用列的单元格"编辑框中，输入要由列数值替换的输入单元格的引用。

【例 3】 我们把在前面的例子中规定的还款期限由固定的 5 年期改变为 1～5 年，即现在对计算的要求变成为：利用双变量模拟运算表及 PMT 财务函数计算贷款 10000 元，年利率为 4.0%～8.0% 时，各种年利率下，当还款期限在 1～5 之间变化时，每月等额的还款金额。

根据题目的要求，具体的操作可按如下步骤进行。

① 按照双变量模拟运算表的输入要求，在工作表中输入以下内容：贷款总额（10000）、

固定年利率（5%）、固定还贷期限（5）、每月还贷款金额公式、年利率变化序列（4%～8.0%）、还贷期限变化序列（1，2，3，4，5），输入单元格式排列如图 8.7 所示（注意：在计算贷款期限时要乘以 12 以月为单位计算）。

在图 8.7 中，单元格 A5 中的公式为"=PMT(B2/12,B3,B1)"；单元格区域 A6:A14 为要作为替代输入单元格的"年利率"序列；单元格区域 B5:F5 为要作为替代另一个输入单元格的"还贷期限"序列。

② 在单元格 A5 内输入公式为"=PMT(B2/12,B3*12,B1))"，公式中的单元格 B2（代表年利率）、B3（代表期限）将作为输入单元格。

③ 选定单元格区域 A5:F14。

④ 单击 数据 → 模拟运算表 ，弹出"模拟运算表"对话框。

⑤ 在"输入引用行的单元格"编辑框中，选择或输入要用行数值序列（即"还贷期限"序列 B5:F5）替换的输入单元格"$B$3"；在"输入引用列的单元格"编辑框中，选择或输入要用列数值序列（即"年利率"序列 A6:A14）替换的输入单元格"$B$2"。如图 8.6 所示。

⑥ 单击 确定 。

经过上述操作过程后，得到双变量模拟运算表的计算结果如图 8.7 所示。

图 8.6　"模拟运算表"对话框

	A	B	C	D	E	F
1	贷款总额	10000				
2	贷款利率	5%		=PMT(B2/12,B3*12,B1)		
3	贷款期限	5				
4						
5	￥-188.71	1	2	3	4	5
6	4.0%	-851.499042	-434.249	-295.24	-225.791	-184.165
7	4.5%	-853.785216	-436.478	-297.469	-228.035	-186.43
8	5.0%	-856.074818	-438.714	-299.709	-230.293	-188.712
9	5.5%	-858.367846	-440.957	-301.959	-232.565	-191.012
10	6.0%	-860.664297	-443.206	-304.219	-234.85	-193.328
11	6.5%	-862.96417	-445.463	-306.49	-237.15	-195.661
12	7.0%	-865.267461	-447.726	-308.771	-239.462	-198.012
13	7.5%	-867.574169	-449.996	-311.062	-241.789	-200.379
14	8.0%	-869.884291	-452.273	-313.364	-244.129	-202.764
15						

图 8.7　双变量模拟运算表

3．修改模拟运算表

当创建了单变量或双变量模拟运算表后，可以根据需要作各种修改。

（1）修改模拟运算表的计算公式。当计算公式发生变化时，模拟运算表将重新计算，并在相应单元格中显示出新的计算结果。

（2）修改用于替换输入单元格的数值序列。当这些数值序列的内容被修改后，模拟运算表将重新计算，并在相应单元格中显示出新的计算结果。

（3）修改输入单元格。选定整个模拟运算表（其中包括计算公式、数值序列及运算结果区域），然后单击 数据 菜单→ 模拟运算表 ，弹出"模拟运算表"对话框，这时可以在"输入引用行的单元格"编辑框中或"输入引用列的单元格"编辑框中重新指定新的输入单元格。

（4）由于模拟运算表中的计算结果是存放在数组中的，所以当需要清除模拟运算表的计算结果时，必须清除所有的计算结果，而不能只清除个别计算结果。如果用户想要只删除模拟运算表的部分计算结果，则屏幕上将会出现如图 8.8 所示的消息框，提示用户不能进行这样的操作。

图 8.8　出错消息框

（5）如果只是要删除模拟运算表的运算结果，则在进行删除操作时，一定要首先确认选定的只是运算结果区域，而没有选定其中的公式和输入数值。然后按下 $\boxed{\text{Delete}}$ 键。

（6）如果要删除整个模拟运算表（包括计算公式、数值序列及运算结果区域），则选定整个模拟运算表，然后按下 $\boxed{\text{Delete}}$ 键（或者单击 $\boxed{\text{编辑}}$ 菜单→ $\boxed{\text{清除}}$，然后单击 $\boxed{\text{全部}}$）。

8.1.3　方案管理器

在企业的生产经营活动中，由于市场的不断变化，企业的生产销售受到各种因素的影响，企业需要估计这些因素并分析其对企业生产销售的影响。Excel 提供了方案管理器工具来解决上述问题，利用方案管理器，可以很方便地对多种方案（即多个假设条件，可达 32 个变量）进行模拟分析。例如，不同的市场状况、不同的定价策略等，可能产生的结果，即利润会怎样变化。

下面结合实例来说明如何使用方案管理器进行方案分析和管理。

【例 4】　某企业生产光盘，现使用方案管理器，假设生产不同数量的光盘（例如 3000，5000，10000），分析对利润的影响。

已知：在该例中有 4 个可变量：单价、数量、推销费率和单片成本。

利润=销售金额−成本−费用*（1+推销费率）

销售=单价*数量

费用=20000

成本=固定成本+单片成本*数量

固定成本=70000

1．建立方案

操作步骤如下。

① 建立模型。将数据、变量及公式输入在工作表中，如图 8.9 所示。我们假设该表是以公司去年的销售为基础的。在单元格 "B7:B10" 中保存着要进行模拟的 4 个变量，分别是：单价、数量、单片成本和推销费率。

	A	B	C
1	利润	439300	利润=销售金额−成本−费用*（1+推销费率）
2	销售金额	600000	销售金额=单价*数量
3	费用	20000	费用=20000
4	成本	140000	成本=固定成本+单片成本*数量
5	固定成本	70000	固定成本=70000
6			
7	单价	60	
8	数量	10000	四个变量
9	单片成本	7	
10	推销费率	0.035	

图 8.9　建立模型

② 给单元格命名。为了使单元格地址的意义明确，可以为 B1:B10 单元格命名，以单元格 A1:A10 中的文字代替单元格的地址（命名后，在后面的方案摘要报告中，会以 "单价" 代替地址 "$B$7"、"数量" 代替地址 "$B$8"……）。

方法为：选定单元格区域 A1:B10，单击 $\boxed{\text{插入}}$→ $\boxed{\text{名称}}$→ $\boxed{\text{指定}}$，在出现的 "指定名称" 对话框中，选定 "最左列" 复选框。

③ 建立方案，步骤如下：

● 单击 工具 → 方案 ，弹出"方案管理器"对话框，如图 8.10 所示。

● 单击 添加 按钮，弹出如图 8.11 所示的"编辑方案"对话框。

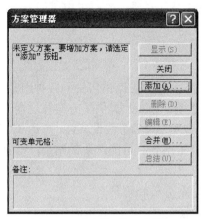

图 8.10　"方案管理器"对话框

图 8.11　"编辑方案"对话框

● 在"方案名"文本框中键入方案名；在"可变单元格"编辑框中键入单元格的引用，在这里输入"B7:B10"；可以选择保护项"防止更改"。单击 确定 按钮，就会进入到图 8.12 所示的"方案变量值"对话框。

● 编辑每个可变单元格的值，在输入过程中可使用 Tab 键在各输入框中进行切换。将方案增加到序列中，如果需要再建立附加的方案，可以单击 添加 按钮重新进入到图 8.11 所示的"编辑方案"的对话框中。

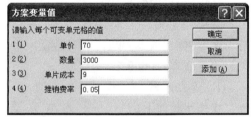

图 8.12　"方案变量值"对话框

● 重复输入全部的方案。当输入完所有的方案后，单击 确定 ，就会看到已设置了方案的"方案管理器"对话框。

● 单击 关闭 ，完成该项工作。

2．显示方案

设定了各种模拟方案后，任何时候都可以执行方案，查看模拟的结果。操作步骤如下。

① 单击 工具 → 方案 ，弹出"方案管理器"对话框（见图 8-13 中）。

② 在"方案"列表框中，选定要显示的方案，例如选定"方案一"。

③ 单击 显示 按钮，则被选方案中可变单元格的值出现在工作表的可变单元格中，同时工作表重新计算，以反映模拟的结果，如图 8.13 所示。

④ 重复显示其他方案，最后单击 关闭 按钮。

3．修改、删除或增加方案

对做好的方案进行修改，只需在图 8.13 所示的"方案管理器"对话框中选中需要修改的方案，单击 编辑 按钮，系统弹出"编辑方案"对话框（见图 8.11），在其中进行相应的修改即可。

若要删除某一方案，则在图 8.13 所示的"方案管理器"对话框中选中需要删除的方案，单击 删除 按钮。

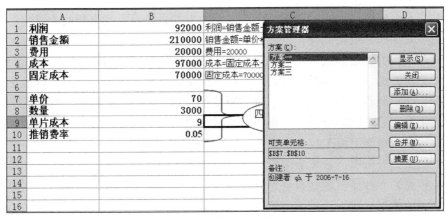

图 8.13 显示运算结果

若要增加方案，则在图 8.13 所示的"方案管理器"对话框中单击 添加 按钮，然后在"添加方案"对话框中填写相关的项目。

4．建立方案报告

当需要将所有的方案执行结果都显示出来时，可建立方案报告。方法如下：

选择 工具 菜单→ 方案 ，弹出"方案管理器"对话框。单击 摘要 按钮，弹出如图 8.14 所示的"方案摘要"对话框。

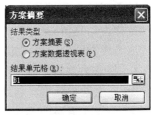

图 8.14 "方案摘要"对话框

在"结果类型"中，选定"方案摘要"选项。在"结果单元格"编辑框中，通过选定单元格或键入单元格引用来指定每个方案中重要的单元格。这些单元格中应有引用可变单元格的公式。如果要输入多个引用，每个引用间用逗号隔开。最后单击 确定 ，Excel 就会把"方案摘要"表放在单独的工作表中，如图 8.15 所示。

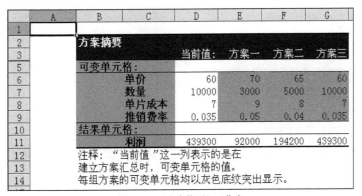

图 8.15 "方案摘要"工作表

8.2 线性回归分析

回归分析法，是在掌握大量观察数据的基础上，利用数理统计方法建立因变量与自变量之间的回归关系函数表达式（称回归方程式）。回归分析中，当研究的因果关系只涉及因变量和一个自变量时，叫做一元回归分析；当研究的因果关系涉及因变量和两个或两个以上自变量时，叫做多元回归分析。此外，回归分析中，又依据描述自变量与因变量之间因果关系的函数表达式是线性的还是非线性的，分为线性回归分析和非线性回归分析。线性回归分析法是最基本的分析方法，遇到非线性回归问题可以借助数学手段化为线性回归问题处理。

回归分析在试验设计数据处理时有非常重要的作用，Excel 的数据分析工具库中提供了回归分析的工具。通过回归分析，会得到自变量与因变量间的拟合方程，进一步可以使用数据分析工具库中的规划求解工具（参见 8.3 节），根据拟合方程来确定最优试验条件。

在预测的回归分析中，首先必须收集一些影响被预测对象相关变量的历史资料，然后再将收集到的数据输入计算机进行自动计算得到回归方程和相关参数。计算出的回归方程是否能够作为预测的依据取决于对相关参数进行分析，所以需要运用数理统计的方法如拟合检验、显著性检验得出检验结果。如果检验结果表明回归方程是可靠的，最后把已拟好的相关变量值代入回归方程得出最终的预测值。

【例 1】 对销售额进行多元回归分析预测，数据见图 8.16。

解： 本题可用二元线性回归分析来求解：

设定变量：Y=销售额，X_1=电视广告费用，X_2=报纸广告费用

方程为：$Y=a_1X_1+a_2X_2+b$

通过线性回归分析确定 a_1,a_2,b 的值，从而确定方程。

1．操作方法与步骤

① 建立数据模型。将统计数据按图 8.16 所示的格式输入 Excel 表格中。

② 单击 工具 → 加载宏，在"加载宏"对话框中，选中"分析工具库"复选框，然后单击 确定。

③ 单击 工具 → 数据分析，在"数据分析"对话框中，选中"回归"命令，单击 确定，则会弹出图 8.17 所示的"回归"对话框。

	A	B	C	D
1	销 售 额（万元）	电视广告费用（万元）	报纸广告费用（万元）	年份
2	960	50	15	1994
3	900	20	20	1995
4	950	40	15	1996
5	920	25	25	1997
6	950	30	33	1998
7	940	35	23	1999
8	940	25	42	2000
9	940	30	25	2001

图 8.16　在 Excel 工作表中建立数据模型

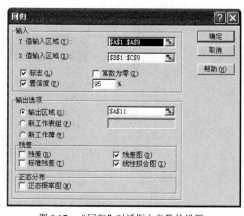

图 8.17　"回归"对话框中参数的设置

④ 选择工作表中的 A1:A9 单元格作为"Y 值输入区"，选择工作表中的 B1:C9 单元格作为"X 值输入区"，在"输出区域"编辑框中选择 A11 单元格，并设置对话框中的参数如图 8.17 所示。

"回归"对话框中的各参数设置说明如下。

● Y 值输入区域：选择因变量数据所在的区域，可以包含标志。

● X 值输入区域：选择自变量取值数据所在的区域，可以包含标志。

- 如果选择数据时包含了标志则选择"标志"复选框。
- 如果强制拟合线通过坐标系原点则选择"常数为零"复选框。
- 置信度：分析置信度，一般选择 95%。
- 输出选项：根据需要选择分析结果输出的位置。
- 残差选项：根据需要可选择分析结果中包含"残差"、"标准残差"、"残差图"及"线性拟合图"。
- 如果希望输出正态概率图则选择"正态概率图"复选框。

⑤ 按图 8.17 所示的内容设置对话框后，单击确定，显示分析的数据结果如图 8.18、图 8.19 所示，图形结果如图 8.20、图 8.21 所示。

	A	B	C	D	E	F	G	H
11	SUMMARY OUTPUT							
12								
13		回归统计						
14	Multiple R	0.958663444						
15	R Square	0.9190356						
16	Adjusted R Square	0.88664984						
17	标准误差	6.425873026						
18	观测值	8						
19								
20	方差分析							
21		df	SS	MS	F	Significance F		
22	回归分析	2	2343.540779	1171.77039	28.37776839	0.001865242		
23	残差	5	206.4592208	41.2918442				
24	总计	7	2550					
25								
26		Coefficients	标准误差	t Stat	P-value	Lower 95%	Upper 95%	下限 95.0上限
27	Intercept	832.3009165	15.73868952	52.8824789	4.57175E-08	791.8433936	872.7584402	791.8434 872
28	电视广告费用（万元	2.290183621	0.304064556	7.53189931	0.000653232	1.508562073	3.071805168	1.508562 3.0
29	报纸广告费用（万元	1.300983098	0.320701597	4.05669666	0.009760798	0.476600745	2.125377451	0.476601 2.1

b　　a1　a2

图 8.18　回归分析结果（一）

33	RESIDUAL OUTPUT					PROBABILITY OUTPUT	
34							
35	观测值	预测 销售额（万元）	残差	标准残差		百分比排位	销售额（万元）
36	1	966.3249344	-6.3249344	-1.16463		6.25	900
37	2	904.1243713	-4.1243713	-0.759433		18.75	920
38	3	943.4230982	6.57690179	1.2110254		31.25	940
39	4	922.0802349	-2.0802349	-0.38304		43.75	940
40	5	943.9390658	6.06093423	1.1160186		56.25	940
41	6	942.3800929	-2.3800929	-0.438254		68.75	950
42	7	944.1970496	-4.1970496	-0.772816		81.25	950
43	8	933.531153	6.46884701	1.1911289		93.75	960

图 8.19　回归分析结果（二）

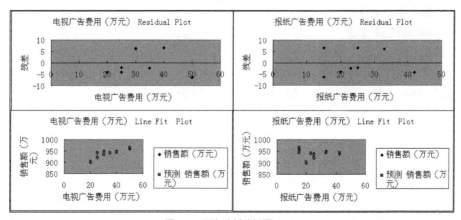

图 8.20　回归分析结果图（一）

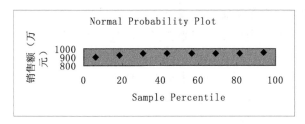

图 8.21　回归分析结果图（二）

2．回归分析结果

由回归分析结果可见：回归方程 $Y = a_1X_1+a_2X_2+b$ 中，$a_1 = 2.2901836209178$；$a_2 =1.30098909825998$；$b=832.300916901311$，将上述结果整理如表 8.1 所示。

表 8.1　　　　　　　　　　　　回归结果整理

多元回归方程	$Y=2.290183621X_1+1.300989098X_2+832.3009169$		
标准差	a_1=0.304064556	a_2=0.320701597	b=15.73868952
判定系数=0.9191356		Y 估计值的标准误差=6.425873026	
F 统计值=28.37776839		自由度=5	
回归平方和=2343.540779		残差平方和=206.4592208	

3．检验回归方程的可靠性

在上例中，判定系数（或 r_2）为 0.9191356（B15 单元格中的值），表明在电视广告费用 X_1、报纸广告费用 X_2 与销售额 Y 之间存在很大的相关性。然后可以通过 F 统计来确定具有如此高的 r_2 值的结果偶然发生的可能性。假设事实上在变量间不存在相关性，但选用 8 年数据作为小样本进行统计分析却导致很强的相关性。"Alpha"表示得出这样的相关性结论错误的概率。如果 F 观测统计值大于 F 临界值，表明变量间存在相关性。假设一项单尾实验的 Alpha 值为 0.05，根据自由度（在大多数 F 统计临界值表中缩写成 v_1 和 v_2）$v_1=k=2$，$v_2=$d，$f=n-(k+1)=8-(2+1)=5$，其中 k 是回归分析中的变量数，n 是数据点的个数，可以在 F 统计临界值表中查到 F 临界值为 5.79。而在单元格 A14 中的 F 观测值为 28.37776839，远大于 F 临界值 5.79。由此可以得出结论：此回归方程适用于对销售额的预测。关于此部分内容的详细说明，可参见有关统计书籍。

4．预测未来的销售额

假设 2002 年的电视广告费用预算为 35 万元，报纸广告费用预算为 18 万元，则根据多元线性回归方程 $Y=2.290183621X_1+1.300989098X_2+832.3009169$ 可计算出 2002 年的销售额为 2.290183621*35+1.300989098*18+832.3009169 即 913.7583 万元。

8.3　规　划　求　解

在经济管理中涉及很多的优化问题，如最大利润、最小成本、最优投资组合、目标规划等等，在运筹学上称为最优化原则。最优化的典型问题就是"规划问题"。规划问题可以从两个方面进行阐述：一是用尽可能少的人力、物力、财力资源去完成给定的任务；二是用给定的人力、物力、财力资源去完成尽可能多的工作。两种说法，一个目的，就是利润的最大化，成本的最小化。

规划求解是 Excel 的一个非常有用的工具，不仅可以解决运筹学、线性规划等问题，还可以用来求解线性方程组及非线性方程组。

"规划求解"加载宏是 Excel 的一个可选安装模块，在安装 Microsoft Excel 时，如果采用"典型安装"，则"规划求解"工具没有被安装，只有在选择"完全/定制安装"时才可选择安装这个模块。在安装完成进入 Excel 后，单击 工具 → 加载宏 ，在"加载宏"对话框中选择"规划求解"复选框，然后单击 确定 ，系统则安装和加载"规划求解"工具，然后就可以使用它了。

求解"规划问题"一般要经过如下 4 个步骤。

① 确定决策变量。决策变量就是等待决定问题的数量，用 X_1，X_2，…，X_n 表示。

② 确定目标函数 Z。将决策变量用数学公式表达出来，就是目标函数。目标函数可以是最大（max）、最小（min），或某个具体确定值。

③ 确定约束条件。约束条件就是人力、物力、财力资源的限制范围，用 ≥、≤或=表示，还有非负约束（≥0）和整数约束（=int）。

④ 求解规划方程组，获取目标函数的最优化解。

做规划求解关键要设计一个好表格，将决策变量、约束条件、目标函数依次排列，然后单击 工具 → 规划求解 。在"规划求解参数"对话框中输入"目标单元格"（用鼠标选取即可），目标单元格中必须事先输入含决策变量的计算公式，目标值可以根据需要设置为"最大值"、"最小值"或"目标值"。如设置为"目标值"，应输入目标数值。"可变单元格"即决策变量的单元格，决策变量一般是一个组。"约束"栏输入约束条件，单击 增加 输入一个约束条件，再单击 增加 再输入一个，直到输入完成。单击 选项 ，可修改迭代运算的参数，选择"采用线性模型"可以加快运算速度，选择"自动按比例缩放"可以避免数值相差过大引起的麻烦。以上设置完成后，单击 求解 ，Excel 自动完成求解计算。需要说明的是，在求解之前，最好将决策变量设置一个近似的值，以便缩短求解计算次数。如果一次求解结果不理想，还可再来一次，一般两三次就可以了。

8.3.1　求解线性规划问题

【例 1】　某厂生产 A、B、C 三种产品，三种产品的净利润分别为 90 元、75 元、50 元；三种产品使用的机时数分别为 3 小时、4 小时、5 小时；三种产品使用的手工时数分别为 4 小时、3 小时、2 小时；由于机时数与手工时数的限制，生产产品的数量和品种受到制约。工厂极限生产能力为：机工最多 400 小时；手工最多 280 小时。对产品数量的限制为产品 A 最多不能超过 50 件，产品 C 至少要生产 32 件。

求：如何安排产品 A、B、C 的生产数量，以获得最大利润？

解：可以将上述问题改写为数学形式：设产品 A 的数量为 X_1，B 的数量为 X_2，C 的数量为 X_3。将问题化为求最大值：

$$\text{Max } Z = 90X_1 + 75X_2 + 50X_3$$

约束条件为：

$$3X_1+4X_2+5X_3\leqslant400$$
$$4X_1+3X_2+2X_3\leqslant280$$
$$X_1\leqslant50$$
$$X_2\geqslant32$$

用 Excel 求解生产产品 A、B、C 的数量。

操作步骤如下。

① 建立数据模型。将上述变量、约束条件和公式，输入到工作表中，如图 8.22 所示。

	B	C	D	E	F	G
1			各种产品生产的最佳生产数量			
2		产品	A	B	C	
3		每件利润	90	75	50	
4		最适合生产数量	20	30	20	要预测的（可变单元格），数据初值可自定
5		总利润	=D3*D4+E3*E4+F3*F4			
6						
7						目标单元格
8	最大用量	已用量				
9	400	=D4*D9+E4*E9+F4*F9	3	4	5	
10	280	=D4*D10+E4*E10+F4*F10	4	3	2	
11	50	=D4				
12	最小用量					
13	32	=F4				
14						

图 8.22　建立数据模型

其中单元格中的公式为：

$$D5: = D3*D4+E3*E4+F3*F4$$
$$C9: = D4*D9+E4*E9+F4*F9$$
$$C10: = D4*D10+E4*E10+F4*F10$$
$$C11: = D4$$
$$C13: = F4$$

② 进行求解。

单击 工具 → 规划求解，弹出"规划求解参数"对话框，如图 8.23 所示。

图 8.23　"规划求解参数"对话框

在"规划求解参数"对话框中的"设置目标单元格"编辑框中输入"$D$5"；"等于"选择"最大值"；在"可变单元格"编辑框中输入"$D$4:$F$4"；在"约束"中添加以下的约束条件："$C$13>=$B$13"、"$C$9:$C$11<=$B$9:$B$11"。

这里，添加约束条件的方法是：单击 添加 按钮，弹出"添加约束"对话框，如图 8.24 所

示，输入完毕一个约束条件后，单击添加按钮，则又
弹出空白的"添加约束"对话框，再输入第二个约束
条件。当所有约束条件都输入完毕后，单击确定，则
系统返回到"规划求解参数"对话框。

图 8.24　"添加约束"对话框

如果发现输入的约束条件有错误，还可以对其进
行修改，方法是：选中要修改的约束条件，单击更改按钮，则系统弹出"改变约束"对话框，
再进行修改即可。

如果需要，还可以设置有关的项目，即单击选项按钮，弹出"规划求解选项"对话框，
如图 8.25 所示，对其中的有关项目进行设置即可。

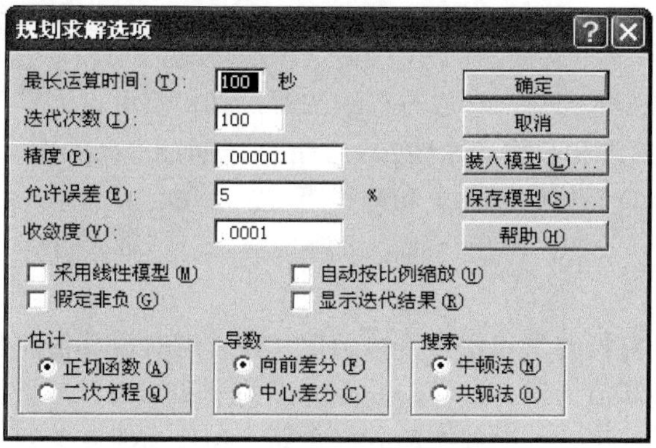

图 8.25　"规划求解选项"对话框

在建立好所有的规划求解参数后，单击求解，则系统将显示如图 8.26 所示的"规划求解
结果"对话框，选择"保存规划求解结果"选项，单击确定，则求解结果显示在工作表中，
如图 8.27 所示。

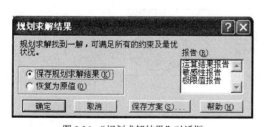

图 8.26　"规划求解结果"对话框

图 8.27　运算结果

如果需要，还可以选择"运算结果报告"、"敏感性报告"、"极限值报告"及"保存
方案"，以便于对运算结果做进一步的分析。

8.3.2　求解方程组

利用规划求解工具还可以求解线性或非线性方程组，下面举例说明。

【例 2】　有如下的非线性方程组：

$$\begin{cases} 8X^3 + 3Y - 4Z - 8 = 0 \\ XY + Z = 0 \\ Y^2 + Z - 4 = 0 \end{cases}$$

则利用"规划求解"工具求解方程组的解操作步骤如下。

① 建立计算模型。在工作表中输入数据及公式，如图 8.28 所示。

	A	B	C	D	E	F
1	方程组	求和		方程解		
2	方程1：8*X^3+3*Y-4*Z-8=0	=8*E2^3+3*E3-4*E4-8	X=		0	
3	方程2：X*Y+Z=0	=E2*E3+E4	Y=		0	
4	方程3：Y^2+Z-4=0	=E3^2+E4-4	Z=		0	
5						
6					设初值为零	

图 8.28   利用"规划求解"工具求解方程组

单元格 E2:E4 为可变单元格，存放方程组的解，其初值可设为零（也可为空）。

在 B2 单元格中输入求和公式"=8*E2^3+3*E3-4*E4-8"；在 B3 单元格中输入求和公式"=E2*E3+E4"；在 B4 单元格中输入求和公式"=E3^2+E4-4"。

② 单击 工具→规划求解，弹出"规划求解参数"对话框，设置"规划求解参数"对话框中的参数。

可以任意选取一个方程的求和作为目标函数（在求解时设其值为零，而其他两个方程的求和作为约束条件，使其值为零。这样，3 个方程的求和都为零，就可以求解了）。这里选取方程 1 的求和作为目标函数，方程 2 和方程 3 的求和作为约束条件。

本例"设置目标单元格"设置为单元格"$B$2"；"等于"设置为"值为 0"；"可变单元格"设置为"$E$2:$E$4"；"约束"中添加"$B$3=0"、"$B$4=0"。

如有必要，还可以对"选项"的有关参数进行设置，如"迭代次数"、"精度"等，这里精度设置为 10^{-11}。

③ 单击 求解，即可得到方程组的解，如图 8.29 所示。

	A	B	C	D	E
1	方程组	求和		方程解	
2	方程1：8*X^3+3*Y-4*Z-8=0	-3.167E-07	X=		0.1953
3	方程2：X*Y+Z=0	1.1275E-07	Y=		2.1
4	方程3：Y^2+Z-4=0	-2.123E-07	Z=		-0.41

图 8.29   求解结果

8.4　移 动 平 均

移动平均法是根据时间序列资料，逐项推移，依次计算移动平均，来反映现象的长期趋势。特别是现象的变量值受周期变动和不规则变动的影响，起伏较大，不能明显地反映现象的变动趋势时，运用移动平均法，消除这些因素的影响，进行动态数据的修匀，以利于进行长期趋势的分析和预测。

移动平均又分为简单移动平均和加权移动平均，加权移动平均与简单移动平均的区别在于：在简单移动平均法中，计算移动平均数时每个观测值都用相同的权数。而在加权移动平均法中，则需要对每个数据值选择不同的权数，然后计算最近 n 个时期数值的加权平均数作为预测值。在大多数情况下，最近时期的观测值应取得最大的权数，而比较远的时期权数应依次递减。加权移动平均认为要处理的数据中近期数据更重要而给予更多的权数。进行加权平均预测时，通常是先对数据进行加权处理，然后再调用分析工具计算。

简单移动平均的计算公式如下：

设 x_i 为时间序列中的某时间点的观测值，其样本数为 N；每次移动地求算术平均值所采用的观测值的个数为 n（n 的取值范围：$2 < n < t-1$），则在第 t 时间点的移动平均值 M_i 为

$$M_i = \frac{1}{n}(x_i + x_{i-1} + x_{i-2} + \cdots + x_{i-n+1}) = \frac{1}{n} \sum_{i=t-n+1}^{t} x_i$$

式中：M_i——第 t 时间点的移动平均值，也可当作第 $t+1$ 时间点的预测值，即

$$y_{i+1} = M_i \quad \text{或} \quad y_i = M_{i-1}$$

移动平均分析工具及其公式可以基于特定的过去某段时期中变量的均值，对未来值进行预测。

【例 1】 某公司 1994—2005 年销售额数据如图 8.30 所示。进行 3 年移动平均，并预测 2006 年销售额。

操作步骤如下。

① 建立数据模型。将原始数据输入到单元格区域 A1:B13，如图 8.30 所示。

② 单击 工具 → 数据分析，弹出"数据分析"对话框。

③ 在"数据分析"对话框中选择"移动平均"，单击 确定，弹出"移动平均"对话框，做下述设置，即可得到如图 8.31 所示的"移动平均"对话框。

● 在"输出区域"内输入："$B$1:$B$13"，即原始数据所在的单元格区域。

● 在"间隔"文本框中输入 "3"，表示使用 3 年移动平均法。

● 因为指定的输入区域包含标志行，所以选中"标志位于第一行"复选框。

● 在"输出区域"编辑框中输入"$C$1"，即将输出区域的左上角单元格定义为 C1。

● 选择"图表输出"复选框和"标准误差"复选框。

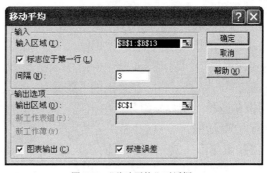

图 8.30 建立数据模型   图 8.31 "移动平均"对话框

④ 单击 确定，便可得到移动平均结果，如图 8.32 所示。

在图 8.32 中，C3:C12 对应的数据即为 3 年移动平均的预测值；单元格区域 D5:D12 即为标准误差。根据公式 $y_{i+1} = M_i$ 得 2006 年的销售额预测应为 M_{2005}，所以为 640。

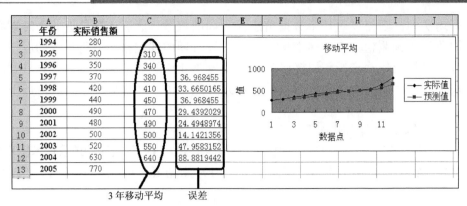

3 年移动平均　　误差

图 8.32 "移动平均"的分析结果

8.5 指数平滑

指数平滑是在移动平均的基础上的进一步扩展。指数平滑法是用过去时间数列值的加权平均数作为趋势值，越靠近当前时间的指标越具有参考价值，因此给予更大的权重，按照这种随时间指数衰减的规律对原始数据进行加权修匀。所以它是加权移动平均法的一种特殊情形。其基本形式是根据本期的实际值 Y_t 和本期的趋势值 $\hat{Y}_t$，分别给以不同权数 α 和 $1-\alpha$，计算加权平均数作为下期的趋势值 $\hat{Y}_{t+1}$。

基本指数平滑法模型如下：

$$\hat{Y}_{t+1} = \alpha Y_t + (1-\alpha)\hat{Y}_t$$

式中：$\hat{Y}_{t+1}$ 表示时间数列 $t+1$ 期趋势值，Y_t 表示时间数列 t 期的实际值，$\hat{Y}_t$ 表示时间数列 t 期的趋势值，α 为平滑常数（$0<\alpha<1$）。

若利用指数平滑法模型进行预测，从基本模型中可以看出，只需一个 t 期的实际值 Y_t，一个 t 期的趋势值 $\hat{Y}_t$ 和一个 α 值，所用数据量和计算量都很少，这是移动平均法所不能及的。

为了提高修匀程度，指数平滑可以反复进行，所以指数平滑方法可以分为一次平滑、二次平滑、三次平滑等。

【例 1】 利用 8.4 节中例题的数据，介绍用 Excel 进行单指数平滑的方法。

用 Excel 进行单指数平滑的步骤如下。

① 建立数据模型。利用 8.4 节中例题的数据模型，如图 8.30 所示。

② 单击 工具→数据分析，在弹出的"数据分析"对话框中选择"指数平滑"，单击确定，显示"指数平滑"对话框。

③ 在"指数平滑"对话框的"输入区域"编辑框中键入"$B$1:$B$13"；在"输出区域"编辑框中键入$C$1；在"阻尼系数"文本框中键入数字"0.3"；选中"图表输出"、"标准误差"复选框。如图 8.33 所示。

④ 单击确定，结果如图 8.34 所示。

图 8.33 "指数平滑"对话框

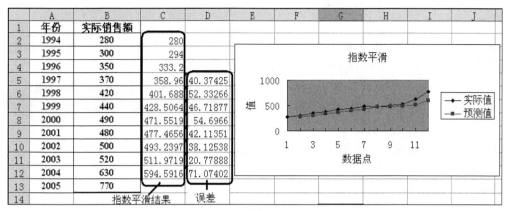

图 8.34　指数平滑结果

指数平滑预测应注意以下问题：

（1）平滑（阻尼）系数取值为 0～1，若希望敏感地反映观测值的变化，则取较大值，如 α=0.9,0.8,0.75 等；若要消除周期性变动，侧重于反映长期发展趋势，则取较小值，α=0.1,0.01 等。

（2）指数平滑是对近期数据加权修匀，越近期的数据影响越大。若一次结果不理想，可保持α取值做二次、三次指数平滑。

（3）当数据变化规律接近于线性时，一次、二次指数平滑效果较好；当数据变化规律接近于非线性时，三次指数平滑效果较好。

8.6　相 关 分 析

相关关系是指变量之间存在的不完全确定性的关系。在实际问题中，许多变量之间的关系并不是完全确定性的，例如居民家庭消费与居民家庭收入这两个变量的关系就不是完全确定的。收入水平相同的家庭，它们的消费额往往不同；消费额相同的家庭，它们的收入也可能不同。对现象之间相关关系密切程度的研究，称为相关分析。

相关分析的主要目的是对现象之间的相关关系的密切程度给出一个数的度量，相关系数就是对变量之间相关关系密切程度的度量。对两个变量之间线性相关程度的度量称为简单相关系数。

简单相关系数又称皮尔逊相关系数，它描述了两个定距变量间联系的紧密程度。样本的简单相关系数一般用 r 表示。

设 $(x_i, y_i), i=1,2,\cdots, n$ 是 (x, y) 的 n 组观测值，简单相关系数的计算公式为：

$$r = \frac{\sum_{i=1}^{n}(x_i - \overline{x})(y_i - \overline{y})}{\sqrt{\sum_{i=1}^{n}(x_i - \overline{x})^2}\sqrt{\sum_{i=1}^{n}(y_i - \overline{y})^2}}$$

相关系数的取值范围是在−1 和+1 之间，即$-1 \leqslant r \leqslant 1$。

r 有如下性质：

$r>0$ 为正相关，$r<0$ 为负相关；

如果$|r|=1$，则表明两个变量是完全线性相关；

$r=0$，则表明两个变量完全不线性相关，但两个变量之间有可能存在非线性相关。

当变量之间非线性相关程度较大时，就可能导致$r=0$。因此，当$r=0$时或很小时，应结合散点图做出合理的解释。

根据 r 的值，将相关程度划分为以下几种情况：

当$|r|\geqslant 0.8$ 时，视为高度相关；

$0.5\leqslant |r| < 0.8$ 时，视为中度相关；

$0.3\leqslant |r| < 0.5$ 时，视为低度相关；

$|r| < 0.3$ 时，说明两个变量之间相关程度极弱，可视为不相关。

对于多个变量的相关情况，一般是借助于一个反映两两变量之间相互关系的矩阵来表示，矩阵的行和列分别表示变量，阵中的下三角中的元素表示相关系数。由于该矩阵只有下三角真正有用，所以也称之为皮尔逊下三角矩阵。

【例 1】 根据图 8.35 所示的数据，对家庭月消费支出与家庭月收入的数据进行相关分析。

操作步骤如下。

① 建立数据模型。将数据输入到工作表中，如图 8.35 所示。

② 单击[工具]→[数据分析]，在弹出的“数据分析”对话框中选择“相关系数”，将弹出“相关系数”对话框。设置对话框内容如下：

- 输入区域：选取图 8.35 数据表中$B$1:$C$11，表示标志与数据；
- 分组方式：根据数据输入的方式选择逐行或逐列，此例选择逐列；
- 由于数据选择时包含了标志，所以要选择“标志位于第一行”复选框；
- 根据需要选择输出的位置，本例为$E$2。

如图 8.36 所示。

	A	B	C
1	家庭编号	月收入（百元）	月消费支出（百元）
2	1	9	6
3	2	13	8
4	3	15	9
5	4	17	10
6	5	18	11
7	6	20	13
8	7	22	14
9	8	23	13
10	9	26	15
11	10	30	20

图 8.35 相关分析数据模型

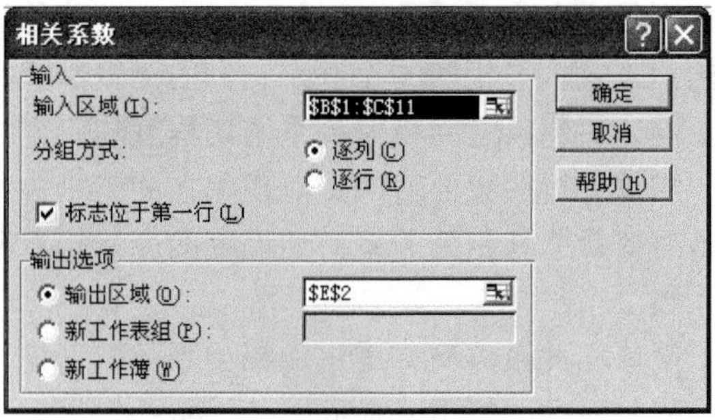

图 8.36 “相关系数”对话框

③ 单击[确定]，输出结果如图 8.37 所示。

分析结果表明：相关系数 r=0.979747601，表示家庭月消费支出与家庭月收入之间存在高度正相关关系。

E	F	G
	月收入（百元）	月消费支出（百元）
月收入（百元）	1	
月消费支出（百元）	0.979747601	1

图 8.37 相关分析结果

【例 2】 多变量的相关分析。某产品在 15 个

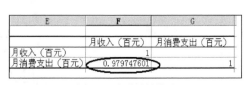

地区的销售额、广告费、促销费以及竞争对手的销售额的统计数据，如图 8.38 所示，试分析数据序列的相关性。

	A	B	C	D	E
1	地区	产品销售额	广告费	促销费	对手产品销售额
2	1	101.8	1.3	0.2	20.4
3	2	44.4	0.7	0.2	30.5
4	3	108.3	1.4	0.3	24.6
5	4	85.1	0.5	0.4	19.6
6	5	77.1	0.5	0.6	25.5
7	6	158.7	1.9	0.4	21.7
8	7	180.4	1.2	1	6.8
9	8	64.2	0.4	0.4	12.6
10	9	74.6	0.6	0.5	31.3
11	10	143.4	1.3	0.6	18.6
12	11	120.6	1.6	0.8	19.9
13	12	69.7	1	0.3	25.6
14	13	67.8	0.8	0.2	27.4
15	14	106.7	0.6	0.5	24.3
16	15	119.6	1.1	0.3	13.7

数据模型

18		产品销售额	广告费	促销费	对手产品销售额
19	产品销售额	1			
20	广告费	0.70769256	1		
21	促销费	0.61230329	0.161335	1	
22	对手产品销售额	-0.6248346	-0.21311	-0.4939	1

相关矩阵

图 8.38 多变量相关分析数据模型及结果矩阵

操作步骤如下。

① 建立数据模型。将数据输入到工作表区域 A1:E16 中，如图 8.38 所示。

② 单击工具→数据分析，在弹出的“数据分析”对话框中选择“相关系数”，将弹出“相关系数”对话框，设置对话框的内容如下：

- 输入区域：选取图 8.38 数据表中$B$1:$E$16，表示标志与数据；
- 分组方式：选择逐列；
- 选择“标志位于第一行”复选框。
- 输出区域：$A$18。

③ 单击确定，则出现分析结果矩阵，如图 8.38 中的区域 A18:E22 所示。

运算结果分析：B20=0.70769256，表示产品销售额与广告费正向相关，相关系数为 0.70769256（中度）；

B21=0.61230329，表示产品销售额与促销费正向相关，相关系数为 0.61230329（中度）；

B22= –0.6248346，表示产品销售额与对手产品销售额反向相关，相关系数为–0.6248346（中度）；

D22= –0.4939，表示促销费与对手产品销售额反向相关，相关系数为–0.4939（轻度）；

C21、C22 数据小于 0.3 可视为基本不相关。

8.7 方差分析

方差分析(Analysis of Variance,ANOVA)是数理统计学中常用的数据处理方法之一，是经济和科学研究中分析试验数据的一种有效的工具，也是开展试验设计、参数设计和容差设计的数学基础。一个复杂的事物，其中往往有许多因素互相制约又互相依存。运用数理的方法对数据进行分析，以鉴别各种因素对研究对象某些特征值的影响大小和影响方式，这种方法就叫做方差分析。这里，把所关注的对象的特征称为指标，影响指标的各种原因叫做因素，在实验中因素的各种不同状态称为因素的水平。根据影响指标的因素的数量，方差分析分为单因素方差分析、双因素方差分析和多因素方差分析。根据因素间是否存在协同作用或称为交互作用，双因素方差分析可以分为无重复和有重复的。

Excel 数据分析工具库中提供了 3 种基本类型的方差分析：单因素方差分析、双因素无重复试验和可重复试验的方差分析，本节将重点介绍使用 Excel 对这 3 种方差进行分析。关于统计方面的知识，请参考有关统计的书籍。

8.7.1　单因素方差分析

单因素方差分析的作用是通过对某一因素的不同水平进行多次观测，然后通过统计分析判断该因素的不同水平对考察指标的影响是否相同。从理论上讲，实际上是在检验几个等方差正态总体的等均值假设。单因素方差分析的基本假设是各组的均值相等。

【例 1】　为了考察不同的销售渠道对总销售额的贡献，连续半年对不同渠道的业绩进行观测，得到一组数据如图 8.39 所示，要求用方差分析判断各渠道的作用是否相同。

本题是一个典型的单因素方差分析问题，渠道作为营业业绩这个指标的一个主要因素，而不同的渠道可以视做该因素的不同水平。

操作步骤如下。

① 建立数据模型。将数据输入到工作表中，如图 8.39 所示。

渠道\月份	一月	二月	三月	四月	五月	六月
经销商	548.85	439.95	244.46	386.42	419.19	755.29
商业网点	846.83	739.67	363.28	425.95	434.5	453.16
专卖店	719	361.96	282.66	161.91	426.9	526.97
集团采购	345.3	304.47	130.62	176.41	482.94	768.53

图 8.39　单因素方差分析数据模型

② 单击 工具 → 数据分析 ，在弹出的"数据分析"对话框中选择"方差分析：单因素方差分析"，将弹出"方差分析：单因素方差分析"对话框。

③ 设置对话框的内容，如图 8.40 所示。

● 输入区域：选择分析数据所在区域 $A$2:$G$5。

● 分组方式：提供列与行的选择，当同一水平的数据位于同一行时选择行，位于同一列时选择列，本例选择行。

● 如果输入区域的第一行或第一列包含标志，则选中"标志位于第一列"复选框，本例选取。

● α：显著性水平，一般输入 0.05，即 95% 的置信度。

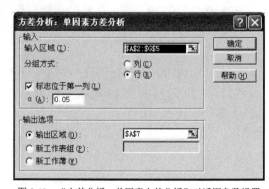

图 8.40　"方差分析：单因素方差分析"对话框参数设置

● 输出区域：分析结果将以选择的单元格为左上角开始输出，本例选择 $A$7。

④ 单击确定，则出现"单因素方差分析"结果，如图 8.41 所示。

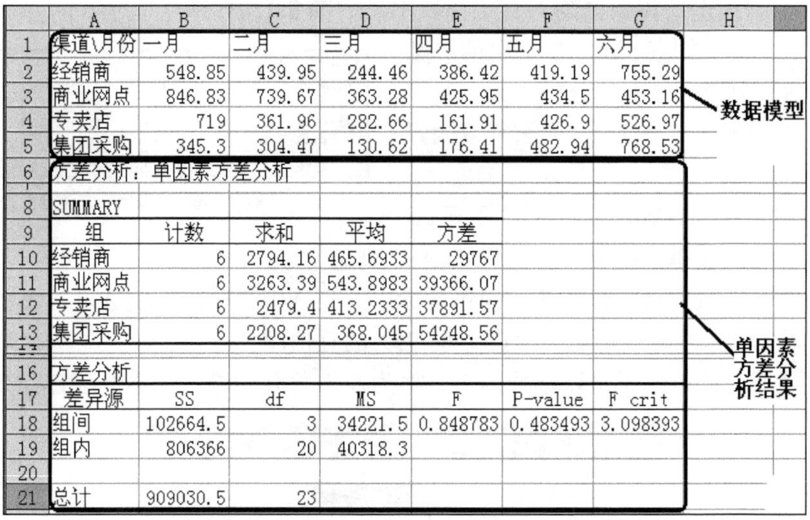

图 8.41 单因素方差分析数据模型及分析结果

运算结果说明：

运算结果分为概要和方差分析两部分。

概要：返回每组数据（代表因素的一个水平）样本数、合计、均值和方差。

方差分析：返回标准的单因素方差分析表，包括离差平方和、自由度、均方、F 统计量、概率值、F 临界值。

其中的"组间"就是影响销售额的因素（不同的销售渠道），"组内"就是误差，"总计"就是总和，"差异源"则是方差来源，"SS"是平方和，"df"称为自由度，"MS"是均方，"F"称为 F 比（F 统计量），"P-value"则是原假设（结论）成立的概率（这个数值越接近 0，说明原假设成立的可能性越小，反之原假设成立的可能性越大，"F crit"为拒绝域的临界值。

分析组内和组间离差平方和在总离差平方和中所占的比重，可以直观的看出各组数据对总体离差的贡献。将 F 统计量的值与临界值比较，可以判定是否接受等均值的假设。其中 F 临界值是用 FINV 函数计算出来的。本例中 F 统计值是 0.848783，远远小于 F 临界值 3.098393。所以，接受等均值假设。即认为 4 种渠道的总体水平没有明显差距。从显著性分析上也可以看出，概率高达 0.48，远远大于 0.05。

8.7.2 无重复双因素方差分析

无重复双因素方差分析是考察在两个因素各自取不同水平时指标的观测值，然后通过统计分析判断不同因素、不同水平对指标的影响是否相同。从理论上讲，实际上是在检验几组等方差正态总体下的均值假设。无重复双因素方差分析的基本假设有两个，分别是各行和各列的均值相等。

【例 2】 为了考察不同的广告媒体和费用对总销售额的影响，在一批社会经济水平相当的城市中采取了不同的广告组合，并分别统计了销售业绩，数据如图 8.42 所示。要求用双因素无重复方差分析研究不同的广告媒体和广告费用对销售业绩的影响。

操作步骤如下。

① 建立数据模型。将数据输入到工作表中，如图 8.42 所示。

② 单击 工具 → 数据分析 ，在弹出的"数据分析"对话框中选择"方差分析：无重复双因素分析"，将弹出"方差分析：无重复双因素分析"对话框。

	A	B	C	D	E
1	媒体\费用	50000	100000	150000	200000
2	报纸	249.0672	1374.891	1125.111	2236.902
3	电视	871.5941	1528.93	1829.009	2416.326
4	户外	443.1311	772.6245	1354.849	1875.387
5	直邮	691.8338	734.9155	1790.991	2313.921

图 8.42　无重复双因素方差分析数据模型

③ 设置对话框的内容，如图 8.43 所示。

● 输入区域：选择分析数据所在区域$A$1:$E$5。

● 如果输入区域的第一行或第一列包含标志，则选中"标志"复选框，本例选取。

● α：显著性水平，一般输入 0.05，即 95%的置信度。

● 输出区域：分析结果将以选择的单元格为左上角开始输出，本例选择$A$7。

图 8.43　"方差分析：无重复双因素分析"对话框参数设置

④ 单击 确定 ，则出现"方差分析：无重复双因素分析"结果，如图 8.44 所示。

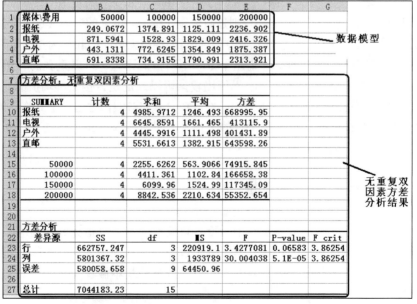

图 8.44　"无重复双因素"方差分析数据模型及分析结果

运算结果说明：

运算结果分为概要和方差分析两部分。

概要：返回每个因素和不同水平下的样本数、合计、均值和方差。

方差分析：返回标准的无重复双因素方差分析表，包括离差平方和（SS）、自由度（df）、均方（MS）、F 统计量、概率值（P-value）和 F 临界值（F crit）。

通过分析行间、列间和误差的离差平方和在总离差平方和中所占的比重，可以直观地看出因素与水平的变化对总体指标变动的影响。将 F 统计量的值与临界值比较，可以判定是否接受等均值的假设。其中 F 临界值是用 FINV 函数计算出来的。

本例中行间、列间和误差的离差平方和水平接近。

行间 F 统计值是 3.427708081，略小于 F 临界值 3.86254。显著性分析的概率值是 0.06583，也大于 0.05，所以接受行间等均值假设。即认为不同广告媒体对销售业绩的影响无明显区别。不过当置信度稍稍降低时，F 统计量将大于 F 临界值，所以建议对不同媒体做进一步研究分析。

列间 F 统计值是 30.004038，远大于 F 临界值 3.86254。显著性分析的概率值只有 0.000051，所以拒绝列间等均值假设。认为不同的广告投放力度对销售有明显的影响。

8.7.3 可重复双因素方差分析

可重复双因素方差分析是使两个有协同作用的因素同时作用于考察对象，并重复试验，然后通过统计分析判断不同的因素组合在多次试验中对指标的影响是否相同。从理论上讲，这仍然是在检验几组等方差正态总体下的均值假设。可重复双因素方差分析的基本假设是三个，分别是各行、各列和各行列（可以假设是各"平面"）的均值相等。

【例 3】 为了考察不同的 CPU 和不同的主板搭配是否有不同的效果，在保证其他配置相同的条件下，将 3 种 CPU 和 4 种主板搭配后各自进行 3 次试验，分别测量整机的综合测试指标 T-Mark。要求用可重复双因素方差分析研究不同的 CPU、主板以及两者的组合对整机性能的影响。

操作步骤如下。

① 建立数据模型。将数据输入到工作表中，如图 8.45 所示。

② 单击 工具 → 数据分析 ，在弹出的"数据分析"对话框中选择"方差分析：可重复双因素分析"，将弹出"方差分析：可重复双因素分析"对话框。

③ 设置对话框的内容，如图 8.46 所示。

图 8.45 可重复双因素方差分析数据模型　　图 8.46 "方差分析：可重复双因素分析"对话框参数设置

● 输入区域：选择分析数据所在区域$A$1:$E$10。该区域必须由两个或两个以上按列或按行排列的相临数据区域组成。

● 每一样本行数：在此文本框中输入包含在每个样本中的行数。每个样本必须包含同样的行数，本例为 3，即重复试验 3 次。

● α：在此输入要用来计算 F 统计的临界值的显著性水平。本例为 0.05，即 95%的置信度。

● 输出区域：分析结果将以选择的单元格为左上角开始输出，本例选择$A$12。

④ 单击确定，则出现"方差分析：可重复双因素分析"结果，如图 8.47 所示。

	A	B	C	D	E	F	G
12	方差分析：可重复双因素分析						
13							
14	SUMMARY	MB-1	MB-2	MB-3	MB-4	总计	
15	CPU-1						
16	计数	3	3	3	3	12	
17	求和	15996.57	14684.4	13685.2	14675.9	59042	
18	平均	5332.19	4894.79	4561.75	4891.98	4920.2	
19	方差	175134.65	710542	374909	550225	410965	
21	CPU-2						
22	计数	3	3	3	3	12	
23	求和	17246.9	18626.7	21456.8	20903.2	78234	
24	平均	5748.9667	6208.91	7152.27	6967.72	6519.5	
25	方差	1490968.7	1129782	148865	263569	903711	
27	CPU-3						
28	计数	3	3	3	3	12	
29	求和	15723.76	21144.9	19810.9	25203.8	81883	
30	平均	5241.2533	7048.3	6603.64	8401.27	6823.6	
31	方差	1237673.1	3913870	1531498	871467	3E+06	
33	总计						
34	计数	9	9	9	9		
35	求和	48967.23	54456	54953	60782.9		
36	平均	5440.8033	6050.67	6105.88	6753.65		
37	方差	780912.25	2322185	1911459	2756175		
40	方差分析						
41	差异源	SS	df	MS	F	P-value	F crit
42	样本	25093240	2	1.3E+07	12.1434	0.0002	3.4028
43	列	7773040	3	2591013	2.50773	0.083	3.0088
44	交互	12275597	6	2045933	1.98017	0.1085	2.5082
45	内部	24797007	24	1033209			

图 8.47 "可重复双因素"方差分析结果

运算结果说明：

可重复双因素方差分析的结果较为复杂，但是仍然分为概要和方差分析两部分。

概要：概要部分对于不同的因素组合按照试验批次分别返回包括样本数、合计、均值和方差的概要表。

方差分析：返回标准的可重复双因素方差分析表，其中包括离差平方和（SS）、自由度（df）、均方（MS）、F 统计量、概率值（P-value）和 F 临界值（F crit）。

在可重复双因素方差分析中，总的离差平方被分解为 4 个部分：样本（即大行）、列、交互和内部（即误差）。而 F 统计和 F 临界值也各有 3 个：行间、列间和交互。它们分别用来分别检验 3 个（本例）基本假设。

行间 F 统计值是 12.14336，远大于 F 临界值 3.402832。概率值为 0.000227 也很小。拒绝行间等均值假设，认为不同的 CPU 对整机的性能有明显影响。

列间 F 统计值是 2.507735，略小于 F 临界值 3.008786。概率值为 0.08301 也较大。接受列间等均值假设，认为不同的主板对整机的性能无明显影响。

交互的 F 统计值是 1.980174，小于 F 临界值 2.508187，概率值 0.10847 更大，接受交互等均值假设。认为不同的 CPU 和主板的搭配对整机性能无明显影响。

8.8 z-检验

在 Excel 中，假设检验工具主要有 4 个，如图 8.48 所示。

平均值的成对二样本分析实际上指的是在总体方差已知的条件下两个样本均值之差的检验，准确的说应该是 z 检验；双样本等方差检验是总体方差未知，但假定其相等的条件下进行的 t 检验；双样本异方差检验指的是总体方差未知，但假定其不等的条件下进行的 t 检验；双样本平均差检验指的是配对样本的 t 检验。

用 Excel 假设检验工具进行假设检验的方法类似，在此仅介绍 z 检验。

【例 1】 某企业管理人员对采用两种方法组装新产品所需的时间（分钟）进行测试，随机抽取 6 个工人，让他们分别采用两种方法组装同一种产品，采用方法 A 组装所需的时间和采用方法 B 组装所需的时间如图 8.49 所示。假设组装的时间服从正态分布，以 $\alpha=0.05$ 的显著性水平比较两种组装方法是否有差别。

图 8.48 数据分析对话框

图 8.49 z-检验数据模型

操作步骤如下。

① 建立数据模型。输入数据到工作表，如图 8.49 所示。

② 单击 工具 → 数据分析 ，弹出"数据分析"对话框，在其中选择"z-检验：双样本平均差检验"，弹出对话框如图 8.50 所示。

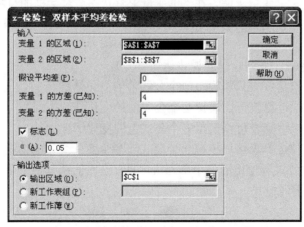

图 8.50 "双样本平均差"检验对话框及参数设置

③ 按图 8.50 所示输入参数后，单击<u>确定</u>，得到输出结果如图 8.51 所示。

结果分析：在上面的结果中，我们可以根据 P 值进行判断，也可以根据统计量和临界值比较进行判断。如本例采用的是单尾检验，其单尾 P 值为 0.17，大于给定的显著性水平 0.05，所以应该接受原假设，即方法 A 与方法 B 相比没有显著差别；若用临界值判断，得出的结论是一样的，如本例 z 值为 0.938194，小于临界值 1.644853，由于是右尾检验，所以也是接受原假设。

C	D	E
z-检验：双样本均值分析		
	方法A	方法B
平均	71.63333333	70.55
已知协方差	4	4
观测值	6	6
假设平均差	0	
z	0.938194187	
P(Z<=z) 单尾	0.174072294	
z 单尾临界	1.644853	
P(Z<=z) 双尾	0.348144587	
z 双尾临界	1.959961082	

图 8.51　双样本平均差检验分析结果

习　　题

一、选择题

1. 在进行单变量求解时，［单变量求解］命令存在于（　　）菜单下。

   A）①　　　B）②　　　C）③　　　D）④　　　插入(I)　格式(O)　工具(T)　数据(D)
   　　　　　　　　　　　　　　　　　　　　　　①　　　②　　　③　　　④

2. 要进行一次单变量求解，需要进行下列（　　）步骤。

   A）选中目标单元格→<u>工具</u>→<u>单变量求解</u>，弹出"可变单元格"对话框→在对话框中选定可变单元格→［确定］完成操作

   B）选中可变单元格→<u>工具</u>→<u>单变量求解</u>，在"目标单元格"对话框中选定可变单元格→<u>确定</u>

   C）单击<u>工具</u>→<u>单变量求解</u>，在"单变量求解状态"对话框的目标单元格和可变单元格中输入或使用折叠按钮选择单元格→<u>确定</u>（目标值为目标单元格中的数值）

   D）单击<u>工具</u>→<u>单变量求解</u>，在"单变量求解状态"对话框的目标单元格和可变单元格中输入或使用折叠按钮选择单元格→在目标值中输入目标单元格的最终值→<u>确定</u>

3. 关于模拟运算表，下列正确的说法是（　　）。

   A）单变量模拟运算表只能模拟一个公式值的变化情况

   B）双变量模拟运算表可以模拟两个公式值的变化情况

   C）单变量模拟运算表可以模拟多个公式值的变化情况

   D）双变量模拟运算表可以模拟一个公式随多个变量变化的情况

4. 如果需要更改公式所使用的多个单元格，同时这些值都有多个限制，并想求解出相应的结果值，需要进行下列中（　　）运算。

   A）单变量求解　　　　　B）合并计算　　　C）规划求解　　　D）模拟运算

5. 以前从未用过规划求解，则使用规划求解的步骤为（　　）。

   A）右键单击工具栏，从弹出的快捷菜单中选择"自定义"，弹出"自定义"对话框→

单击"命令"选项卡,从右侧的命令列表中将 规划求解 按钮拖出到工具菜单或 工具 菜单栏→ 规划求解 ,弹出"规划求解参数"对话框如图 8.52 所示,设定"目标单元格"、"可变单元格"及其他参数→完成设定后,单击 确定

B)单击 规划求解 弹出"规划求解参数"对话框(见图 8.52),设定"目标单元格"、"可变单元格"及其他参数→完成设定后,单击 确定

C)单击 工具 → 加载宏 ,在"加载宏"对话框中选择"规划求解"→ 确定 ,系统自动加载→选择 工具 → 规划求解 ,在"规划求解"对话框中,设定"目标单元格"、"可变单元格"及其他参数→ 确定

D)选择 工具 → 加载宏 ,从弹出的"加载宏"对话框中选取"规划求解"选项,单击 确定 后系统自动加载→选择 数据 → 规划求解 ,弹出"规划求解"对话框(见图 8.52),设定"目标单元格""可变单元格"及其他参数→完成设定后,单击 确定 结束操作

图 8.52 "规划求解参数"对话框

6. 下列创建方案的操作步骤正确的是（　　）。

A)在数据表中输入数据→选定可变单元格→单击 工具 → 方案 ,在"方案管理器"对话框单击 添加 添加方案(不需要再输入可变单元格)→ 确定

B)在数据表中输入数据→单击 工具 → 方案 ,在"方案变量值"对话框中设定可变单元格数值→ 确定 ,打开"方案管理器"对话框,在此设定方案名称以及一些备注信息→设置完成后,单击 确定 ,结束创建过程

C)在数据表中输入数据→单击 工具 → 方案 ,弹出"方案管理器"对话框,单击 添加 ,在"添加方案"对话框中添加方案包括可变单元格信息→ 确定 ,回到"方案管理器"对话框→ 确定 ,完成创建过程

D)以上都不对

7. 下面是一次单因素方差分析的结果。在 5%的显著性水平下,根据结果回答（　　）。

SOURCE	DF	SS	MS	F	P
BETWEEN	3	1978.41	659.471	3.750	0.0159
WITHIN	56	9848.10	175.859		
TOTAL	59	11826.51			

A)没有充分的证据表明因素对因变量有显著影响

B）有充分的证据表明因素对因变量有显著影响

C）有充分的证据表明因素之间的交互作用对因变量有显著影响

D）无法得出任何结论

二、填空题

1．如图 8.53 所示，使用模拟运算表，模拟计算当贷款的年利率分别为 5%，5.25%，5.50%，…时，每期的付款金额。请回答下列问题：

	A	B	C	D	E	F	G	H
1		贷款金额	200000					
2		付款年限	15					
3		年利率	5%					
4								
5								
6								
7			5.00%	5.25%	5.50%	5.75%	6.00%	6.25%
8								

图 8.53　模拟运算表

计算每期的还款金额的公式应该输入在 (1) 单元格中；计算公式为： (2) ；在"模拟运算表"对话框（见图 8.54）中的 (3) ，输入单元格的引用地址 (4) 。

图 8.54　"模拟运算表"对话框

2．利用 Excel 的规划求解工具，求下面非线性方程组的解。

$$\begin{cases} 8X^3 + 3Y^2 + Z - 19 = 0 \\ 5X^2 + 4Z - 8 = 0 \\ 5X + 2Y^2 + 6Z - 9 = 0 \end{cases}$$

请回答下列问题：

（1）设将方程的解（X、Y、Z 的值）放在工作表 D2:D4 区域中（见图 8.55）。请写出为了求解方程，需要在区域 A2:A4 中输入的求和公式。

	A	B	C	D
1	求和公式			方程解
2			x=	
3			y=	
4			z=	
5				

图 8.55　工作表

A2: ＿＿＿＿＿＿＿＿＿＿＿＿＿＿＿＿＿＿＿＿＿＿＿＿＿

A3: ＿＿＿＿＿＿＿＿＿＿＿＿＿＿＿＿＿＿＿＿＿＿＿＿＿

A4: ＿＿＿＿＿＿＿＿＿＿＿＿＿＿＿＿＿＿＿＿＿＿＿＿＿

（2）填写"规划求解参数"对话框的内容（见图 8.56）。

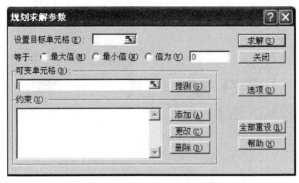

图 8.56 "规划求解参数"对话框

第9章 其 他

9.1 建立个人的菜单与工具栏

9.1.1 创建菜单

1. 创建菜单

在 Excel 菜单栏上已经有"文件"、"编辑"和"视图"等 9 个菜单项，用 Excel 提供的自定义功能可以增加新的菜单。操作步骤如下。

① 单击 工具 菜单→ 自定义 ，选择"命令"选项卡，如图 9.1 所示。

② 在"类别"列表框中单击"新菜单"，将右侧"新菜单"按钮拖到菜单栏，默认的菜单名为"新菜单"。鼠标右击"新菜单"，在"命名"的后面重新输入新的名字，例如改为"个人菜单"，如图 9.1 所示。

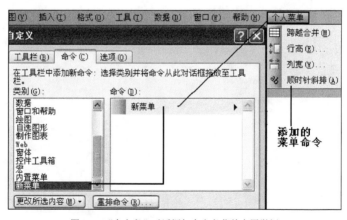

图 9.1 "自定义"对话框与自定义菜单应用举例

2. 向菜单中添加命令

用上述方法建立的菜单是一个空的菜单，还没有菜单命令。添加命令的操作方法是：首先选择命令所在的类别，直接用鼠标将右侧的命令拖到菜单中。

例如：在"类别"中选择"格式"，将"命令"列表中常用的格式命令拖曳到菜单中。

3. 删除菜单或菜单命令

打开"自定义"对话框，用鼠标将菜单项或菜单命令从原来的位置拖出，当鼠标指针上出现"×"松开鼠标即可。

4．菜单与菜单命令的重新命名

打开"自定义"对话框后，鼠标右键单击要重新命名的菜单项，在弹出的菜单"命名"框输入新的名字即可。

9.1.2　创建工具栏

1．创建工具栏

创建工具栏的操作与创建菜单基本上一样。

① 单击 工具 菜单→ 自定义 （或单击 视图 菜单→ 工具栏 → 自定义 ）。

② 在"工具栏"选项卡上单击 新建 按钮，输入工具栏名（例如输入"我的工具栏"）→ 确定 。

创建工具栏后，对个人工具栏的显示/隐藏操作与系统的工具栏操作一样。

2．添加按钮

用以上操作建立的是一个空的工具栏，拖曳工具栏的标题栏，可以将该工具栏移到适当的位置。向工具栏添加按钮的操作与添加菜单命令的操作一样，只是将命令拖曳到工具栏上。

若要建立个人定义功能的按钮，见"宏的建立与应用"。

3．删除工具栏和按钮

（1）删除工具栏上的按钮

打开"自定义"对话框后，将按钮从工具栏上拖出，当鼠标指针上出现"×"松开鼠标即可。

（2）删除工具栏

打开"自定义"对话框后，在"工具栏"选项卡上选中要删除的工具栏名，单击 删除 按钮。

4．更改工具栏按钮或下拉列表框的大小

（1）更改工具栏上按钮的大小

单击 工具 菜单→ 自定义 ，在"选项"选项卡中选中/放弃"大图标"复选框。

（2）调整工具栏上的下拉列表框的宽度

例如，在"常用"工具栏上有"显示比例"下拉列表；在"格式"工具栏上有"字体"和"字号"下拉列表，下拉列表占用一定的宽度，如果要改变这个宽度，可用以下的方法实现。

单击 工具 菜单→ 自定义 ，在"工具栏"选项卡中选中要更改的工具栏名称。例如更改"字体"列表的宽度。鼠标单击"字体"列表框，且鼠标指针指向列表框的左边缘或右边缘，当指针变为双箭头时，拖曳框的边缘更改宽度。

9.2　"宏"的建立与应用

如果经常用 Excel 做一些较烦琐的重复性的工作，可以将这一系列的操作记录在"宏"命令中。若将宏命令放到工具栏上则为一个按钮，放到菜单中则为菜单命令，今后只要单击

工具栏上的按钮或选择菜单命令就能快速执行命令所记录的操作。

9.2.1　创建"宏"

在 Excel 中,"宏录制器"能记录鼠标和键盘的一系列操作到宏命令。宏命令实际上是由一组操作序列构成。

在录制一个"宏"时,所做的键盘和鼠标操作均被"宏记录器"记录下来(例如用鼠标单击命令或选项等)。由于"宏录制器"不能录制鼠标在表格中的移动,因此,可以用键盘操作来记录这些动作。

创建"宏"的一般操作是:

单击 工具 菜单→ 宏 → 录制新宏 →输入宏名或用系统默认的宏名字→ 确定 。这时每一步操作都有可能被录制。下面通过实例介绍如何创建一个具有某个功能的"宏"命令。

【例1】 创建"自动换行"的"宏"命令。

在默认情况下,当单元格内的文本超出单元格的宽度时不会在单元格中自动换行显示。如果希望单击工具栏上的按钮,能将选定的单元格区域设置为"自动换行",则需要制作一个能实现该功能的"宏"命令,然后再将"宏"定义到按钮上。创建"自动换行"的"宏"命令的操作步骤如下。

① 单击 工具 菜单→ 宏 → 录制新宏 →输入宏名或用系统默认的宏名字→ 确定 。

② 单击 格式 菜单→ 单元格 →在"对齐"选项卡中选中"自动换行"→ 确定 。

③ 单击工具栏"停止录制"或 工具 菜单→ 宏 → 停止录制 。

【例2】 创建包含一系列单元格的格式设置的"宏"命令。

① 与上述例1中的①操作相同。

② 单击 格式 菜单→ 单元格 ,根据需要做以下操作。

● 在"字体"选项卡中设定字体、字形、字号、文字颜色。

● 在"边框"选项卡中设定单元格的边框线条的粗细、颜色等。

● 在"图案"选项卡中设置单元格的底色等。

③ 与例1中的③操作相同。

录制"宏"以后,可以将录制的宏命令添加到工具栏或菜单上。

9.2.2　"宏"的应用

1. 用"宏"创建工具栏上的按钮或菜单命令

操作步骤如下。

① 单击 工具 菜单→ 自定义 ,在"命令"选项卡的"类别"列表中选择"宏"。

② 若用"宏"创建工具栏按钮,鼠标拖曳右侧框中"自定义按钮"到某个工具栏;若创建菜单命令,拖曳"自定义菜单项"到菜单栏上的某个菜单中。

③ 鼠标右键单击已经添加到工具栏的按钮或者已添加到菜单命令列表中的菜单项,在弹出的菜单中选择"指定宏"命令(见图9.2列表中最后一个命令),选中要应用的宏命令(例如选中9.1.1中创建的宏),单击 确定 。

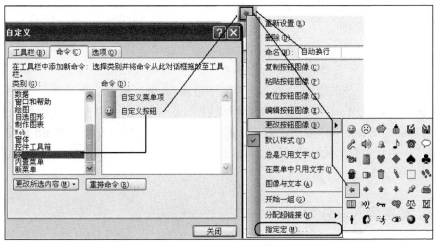

图 9.2 "自定义"对话框与自定义按钮应用举例

在"自定义"对话框打开的情况下，可以立即更改按钮图标或菜单名。

2. 更改自定义的菜单名、工具栏按钮图案

当鼠标指针指向工具栏上的某个按钮，并且停留一会，一般会在按钮的下面显示按钮的名称。因此，如果创建了多个按钮，最好为每一个按钮重新命名。

在"自定义"对话框打开的状态下，可以做以下操作。

● 更改工具栏上按钮的名字：鼠标右键单击按钮，在"命名"框输入新的名字即可。

● 更改工具栏上按钮的图案：鼠标右键单击按钮，选中"更改按钮图像"，在弹出的列表中选中一个按钮图像。

● 更改菜单命令的名字：鼠标单击菜单栏上的菜单项，弹出菜单，鼠标右键单击菜单命令，在"命名"框输入新的名字即可。

3. 删除宏命令

单击 工具 菜单 → 宏 → 宏 → 在"宏"对话框的"宏名"列表中选中要删除的宏命令 → 删除 。

9.3 在程序之间传递数据

9.3.1 将 Excel 数据链接到 Word 文档中

Word 对表格的计算功能要比 Excel 弱得多，因此，若创建的表格不需要进行计算，则在 Word 中建立表格，若需要对表格进行计算，则在 Excel 中创建表格。

Word 与 Excel 之间可以通过"复制"和"粘贴"操作，实现它们之间的表格传输。例如在 Word 或 Excel 中选定表格区域，单击"复制"，然后在 Excel 或 Word 中单击"粘贴"即可。

如果是从 Excel 向 Word 复制表格，当 Excel 表格中的数据和计算结果被更改了，则已经粘贴到 Word 中的数据不会更新，需要重新复制和粘贴。下面介绍将 Excel 的表格链接到 Word 中，一旦 Excel 中的数据被更改了，Word 中相应的数据会自动更新。

操作步骤如下。

① 在 Excel 中选定要复制到 Word 中的数据所在的区域。

② 单击"复制"按钮。

③ 在 Word 中单击要粘贴表格的位置。

④ 单击 编辑 菜单→ 选择性粘贴 ，选中"粘贴链接"→ 确定 。

在以上的操作中，最关键的是要选中"粘贴链接"。用以上方法将 Excel 中的数据"粘贴链接"到 Word 后，在 Word 中会看到数据表是以"域"的形式存放在 Word。无论什么时候，只要改变了对应的 Excel 工作表中的数据，都会自动反映到 Word 中。在 Word 选定带有"域"的文字，按 F9 键会更新"域"。如果选定带有"域"的文字，按 Ctrl + Shift + F9 键会解除"域"的链接。

9.3.2 数据导入与分列

1. 数据导入

如果希望将其他软件建立的数据导入到 Excel 中，可以采用以下两种方法之一。

方法 1：用剪贴板

① 在其他软件中选定要复制的内容，选择"复制"。

② 进入 Excel，选择"粘贴"。

例如可以将 Word 的表格直接复制粘贴到 Excel 中。

方法 2：数据导入

① 单击 数据 菜单→ 导入外部数据 → 导入数据 。

② 选择要导入的文件。例如选择 Access 数据库文件、Lotus123 文件或文本文件等。

③ 选定数据导入到当前工作表的指定位置，或者选择新的工作表。

2. 数据分列

如果从其他文件导入到 Excel 中的数据都在一列上，如图 9.3 中的"A 列"所示，可以将其分成多列，见图 9.3 中的"C 列、D 列和 E 列"。

下面以图 9.3 为例介绍如何将一列数据分为多列的操作。

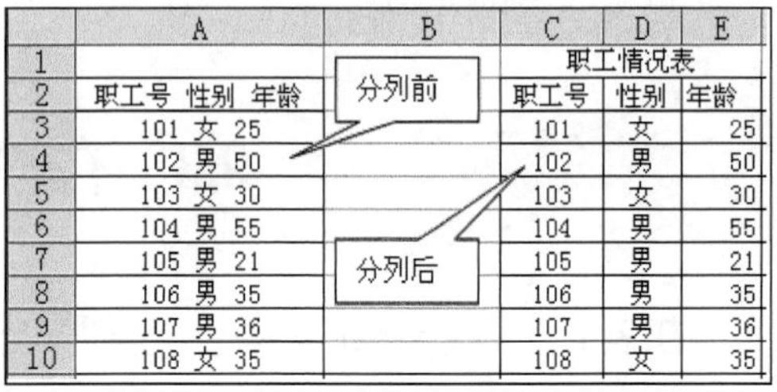

① 选定要分列的数据。例如选定图 9.3 中的 A2:A10。

② 单击 数据 菜单→ 分列 。

③ 在"文本分列向导 3 步骤 1"选中"分隔符号"→ 下一步 。

④ 在"分隔符号"列表中选中"空格"→ 下一步 。

⑤ 在"目标区域"中输入 C2→ 确定 。

图 9.3 "分列"数据

9.3.3 将 Excel 数据传送到 Access 数据库中

从上面介绍的操作可以看出，Access 数据库中的表传送到 Excel 中，可以在 Excel 中用"数据导入"的方法实现。下面介绍如何将 Excel 的数据表传送到 Access 数据库中，成为数据库中的一个表，具体的要求和操作如下。

① 要求 Excel 数据表必须是数据清单形式（第一行为列表头，同一列包含相似的数据，没有空行或空列）。

② 保存并关闭要传送的工作表所在的 Excel 工作簿。

③ 在 Access 中，打开需要 Excel 数据的数据库。

④ 在 Access 中，单击 文件 菜单→ 获取外部数据 → 导入 。

⑤ 在"导入"对话框的"文件类型"框选择"Microsoft Excel"。

⑥ 找到 Excel 文件存放的位置，双击要导入 Access 的 Excel 文件。

⑦ 在"导入数据表向导"选择要导入的工作表，如图 9.4 所示。

⑧ 单击 下一步 ，确定"第一行包含列标题"→ 完成 。

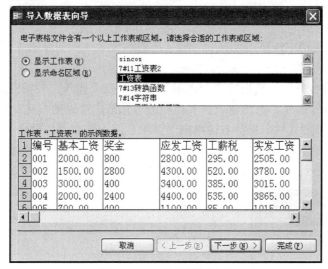

图 9.4　Access 导入数据表向导

9.3.4　用 Excel 数据创建 Word 邮件合并

若要用 Excel 的数据作为 Word 邮件合并的数据源，必须做以下操作。

（1）Excel 数据表为数据清单格式（第一行为列表头，同一列包含相似的数据，没有空行或空列）。

（2）在 Excel 中，保存并关闭要传送的工作表所在的 Excel 工作簿。

（3）在 Word 中，做以下操作：

① 建立 Word 主文档（例如见图 9.7 中的主文档）。

② 单击 工具 菜单→ 信函与邮件 → 邮件合并 。

③ 如果创建"信函"，选择"信函"，单击 下一步 。

④ 若用当前的 Word 作为邮件合并的主文档→单击 下一步 。

⑤ 单击"浏览"，在"文件类型"框选择"Excel 文件(*.xls)"。

⑥ 找到文件存放的位置，双击 Excel 文件。

⑦ 在"选择表格"对话框中选择要用的工作表，显示工作表信息（见图 9.5）→ 确定 。

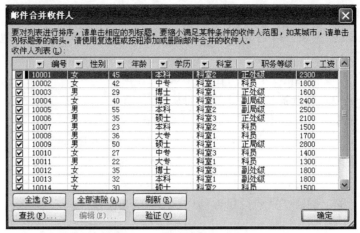

图 9.5 "邮件合并收件人"对话框

⑧ 在 Word 主文档中，单击要插入"域"内容的位置（例如单击"编号"后面的空白单元格）。

⑨ 单击"邮件合并"工具栏的"插入域"按钮，在"插入合并域"对话框（见图 9.6）选择"编号"。重复此操作，将其他域插入相应的单元格，结果见图 9.7 中下面的表格。若没有显示"邮件合并"工具栏，鼠标右键单击"菜单栏"→选中"邮件合并"。

⑩ 单击"邮件合并"工具栏上"合并到新文档"按钮→确定，结果见图 9.8（只给出 3 个页面的结果，若 Excel 表有 n 条记录，则合并后会有 n 个页面的结果）。

图 9.6 "插入合并域"对话框

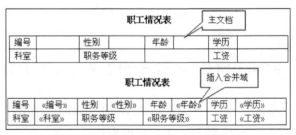

图 9.7 Word 邮件合并"主文档"与"插入合并域"

职工情况表					
编号	10001	性别	女	年龄	45	学历	本科
科室	科室 2	职务等级		正处级		工资	2300

职工情况表					
编号	10002	性别	女	年龄	42	学历	中专
科室	科室 1	职务等级		科员		工资	1800

职工情况表					
编号	10003	性别	男	年龄	29	学历	博士
科室	科室 1	职务等级		正处级		工资	1600

图 9.8 Word 邮件合并文档

习　　题

应用题

1．制作一个按钮，单击该按钮能实现将选定的单元格的内容转变成"黑体、加粗、5号字"。

2．制作一个按钮，单击该按钮能实现将选定的单元格的内容带有人民币"￥"符号。

3．制作一个按钮，单击该按钮能实现在第 1 行～第 10 行中每隔一行插入一个空行。

4．制作一个按钮，单击该按钮能实现为某个数据区域的数据创建柱形图。

5．创建一个工具栏，将以上题目创建的"宏"按钮移动到该工具栏中。

6．创建一个菜单，将以上题目创建的"宏"添加到菜单中。

7．将 Excel 工作表的一个数据区链接到 Word 中，修改链接的数据区，在 Word 中能看到修改后的数据。

第 10 章 上机实验（基本应用）

10.1 实验 1 基础操作

本实验主要练习在 Excel 工作表中输入数据，包括日期数据、数值数据、文本数据、自定义序列等操作。

【第 1 题】 输入数据表格。

其中所有数值数据的格式为显示小数点后两位数字；"日期"到"摘要"（A10:E10）为居中显示。

操作步骤：

启动 Microsoft Excel 应用程序建立一个新的工作簿，在"Sheet1"工作表中按下列表格数据输入。数据内容见图 10.1。

	A	B	C	D	E	F
1		上月结转余额:	211982.70		单位: 元	
2						
3	本月统计					
4						
5						
6						
7						
8						
9	流水帐					
10	日期	收入	支出	余额	摘要	经办人
11	2005-7-4		525.00		员工一周的午餐费	白成飞
12	2005-7-4	8638.00			当天销售收入	王明浩
13	2005-7-4		5000.00		徐亮去杭州出差的借款	徐亮
14	2005-7-5		2735.00		广告费	许庆龙
15	2005-7-5		1823.00		公司电费	康建平
16	2005-7-5	13215.00			当天销售收入	王明浩
17	2005-7-5		305.00		邮费	康建平
18	2005-7-6	2000.00			预收订金	王明浩
19	2005-7-6		157826.00		支付货款	贾青青
20	2005-7-6	16023.00			当天销售收入	王明浩
21	2005-7-7	4985.00			当天销售收入	王明浩
22	2005-7-8		500.00		招待厂商代表晚餐费	刘超
23	2005-7-8		362.00		公司货车加油费	魏宏明
24	2005-7-8	8457.00			当天销售收入	王明浩
25	2005-7-9		275.00		办公费	魏宏明
26	2005-7-9		(476.00)		徐亮出差报销后还款	徐亮
27	2005-7-9	25783.00			当天销售收入	王明浩
28	2005-7-10		609.00		加班费	王明浩
29	2005-7-10		731.55		电话费	李敏新
30	2005-7-10		200.00		招聘会费用	魏宏明
31	2005-7-10		278.00		公司小轿车加油费	魏宏明
32	2005-7-10	29762.00			当天销售收入	王明浩

图 10.1

将数据输入后，选中单元格区域（C1,B11:D32），单击"格式"工具栏中的"增加小数位数"及"减少小数位数"按钮，直到所有数值都显示两位小数为止。

【第 2 题】 将"日期"、"收入"、"支出"、"余额"、"摘要"、"经办人"定义为一个有序序列。

操作步骤：

选定 A10:F10 单元格区域，单击工具菜单→选项。在"选项"对话框中选择"自定义序列"选项卡，单击导入→确定（见图 10.2）。

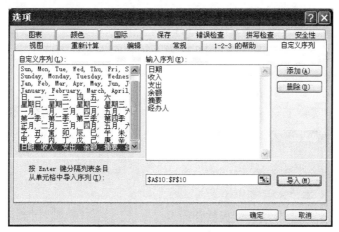

图 10.2

10.2　实验 2　常用函数应用

本实验主要练习使用一些常用函数进行计算和统计，如 SUM 函数、COUNT 函数、SUM IF 函数等。

【第 1 题】 使用 SUM 函数计算每一天的余额。

操作步骤：

在 D11 单元格中输入公式"=\$C\$1+SUM(\$B\$11:B11)–SUM(\$C\$11:C11)"，如图 10.3 所示。再将鼠标放在单元格右下角填充柄位置，往下拖曳直至记录结束。

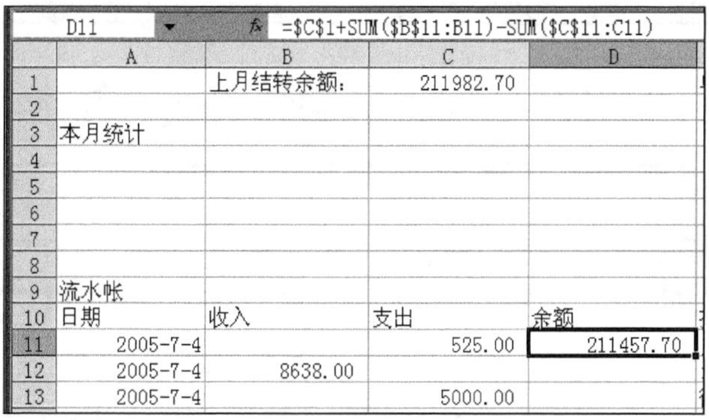

图 10.3

【第 2 题】 使用 COUNT 函数、SUMIF 函数和 SUM 函数，在"实验 1 第 1 题"的数据表格中统计有几笔收入、本月销售合计、本月预收订金合计、收入合计。

操作步骤:

用户按下述说明输入相应的文本和公式。

B3 单元格输入文本"本月收入笔数"

C3 单元格输入文本"本月销售合计"

D3 单元格输入文本"本月预收订金合计"

E3 单元格输入文本"收入合计"

B4 单元格输入公式"=COUNT(B11:B32)"

C4 单元格输入公式"=SUMIF(E11:E32,"当天销售收入",B11:B32)"

D4 单元格输入公式"=SUMIF(E11:E32,"预收订金",B11:B32)"

E4 单元格输入公式"=SUM(C4:D4)"

【第 3 题】 在"实验 1 第 1 题"的数据表格中,使用 COUNT 函数、SUMIF 函数和 SUM 函数统计本月支出笔数、本月支付货款合计、其余支出合计、总支出。

操作步骤:

用户按下述说明输入相应的文本和公式。

B6 单元格输入文本"本月支出笔数";

C6 单元格输入文本"本月支付货款合计"

D6 单元格输入文本"其余支出合计"

E6 单元格输入文本"总支出"

B7 单元格输入公式"=COUNT(C11:C32)"

C7 单元格输入公式"=SUMIF(E11:E32,"支付货款",C11:C32)"

D7 单元格输入公式"=SUMIF(E11:E32,"<>支付货款",C11:C32)"

E7 单元格输入公式"=SUM(C11:D32)"

第 2 题和第 3 题中的公式参见图 10.4,其公式的结果参见图 10.5。

	B	C	D	E
1	上月结转余额:	211982.7		单位: 元
2				
3	本月收入笔数	本月销售合计	本月预收订金合计	收入合计
4	=COUNT(B11:B32)	=SUMIF(E11:E32,"当天销售收入",B11:B32)	=SUMIF(E11:E32,"预收订金",B11:B32)	=SUM(C4:D4)
5				
6	本月支出笔数	本月支付货款合计	其余支出合计	总支出
7	=COUNT(C11:C32)	=SUMIF(E11:E32,"支付货款",C11:C32)	=SUMIF(E11:E32,"<>支付货款",C11:C32)	=SUM(C11:C32)

图 10.4

	B	C	D	E
1	上月结转余额:	211982.70		单位: 元
2				
3	本月收入笔数	本月销售合计	本月预收订金合计	收入合计
4	8	106863.00	2000.00	108863.00
5				
6	本月支出笔数	本月支付货款合计	其余支出合计	总支出
7	14	157826	12867.55	170693.55

图 10.5

10.3　实验 3　工作表操作、格式化工作表

本实验主要练习工作表的相关操作,如工作表的重命名、同一个工作簿中工作表复制移

动和工作表的删除等。

【第 1 题】　复制工作表"统计表"到"Sheet2"和"Sheet3"之间；移动"Sheet3"到"Sheet1"之前。

操作步骤：

选择要复制的工作表"统计表"，按 Ctrl 键的同时拖曳"统计表"，将该工作表拖到"Sheet2"和"Sheet3"之间，先后释放鼠标和 Ctrl 键，则新增工作表的表名为"统计表（2）"。

选择要移动的工作表"Sheet3"，拖到"Sheet1"的左侧（前面），释放鼠标。

【第 2 题】　将"实验 1 第 1 题"中存放流水账数据的工作表"Sheet1"重命名为"7 月份流水账"。

操作步骤：

选择工作表"Sheet1"，单击鼠标右键，在弹出的菜单中选择 重命名 （或双击工作表 Sheet1），工作表名被选中，如图 10.6 所示，然后直接输入表名"7 月份流水账"。

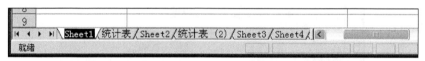

图 10.6

【第 3 题】　删除工作表"统计表（2）"。

操作步骤：

选择工作表"统计表（2）"，单击鼠标右键（见图 10.7），在弹出的菜单中选择 删除 ，再在随后的询问框中单击 确定 。

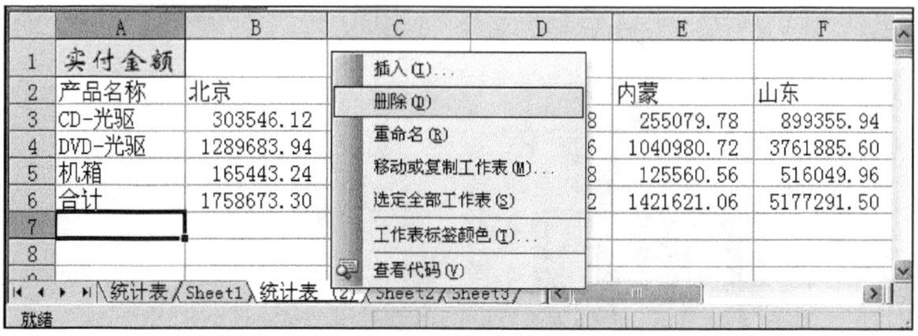

图 10.7

【第 4 题】　将"统计表"中的数据格式化。

操作步骤：

选定数据表区域 A2:H5（见图 10.8），选择 格式 菜单→ 自动套用格式 ，在"自动套用格式"对话框中，选择"彩色 1"样式，单击 确定 。

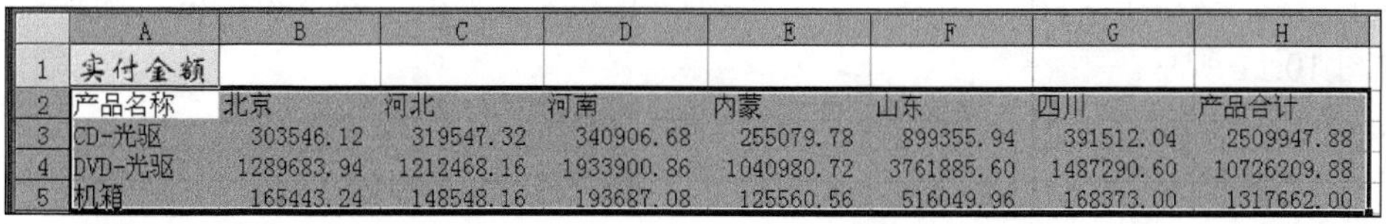

图 10.8

10.4 实验 4 图表（柱形图、折线图和饼图）

本实验练习利用工作表中的数据作出不同的图形，主要练习柱形图、折线图和饼图的使用。

【第 1 题】 将工作表中的数据做成柱形图。

操作步骤：

选定数据（见图 10.9），然后用鼠标单击"常用"工具栏中的"图表向导"按钮 进入图表向导。在"图表向导"之 1 中选择"柱形图"中的"簇状柱形图"；"图表向导"之 2 中，数据区域已有一个默认的区域，系列产生选择"行"；在"图表向导"之 3 中"图表标题"输入"产品销售统图"、"分类 X 轴"输入"省份"、"数值 Y 轴"输入"销售数量"，单击 完成。结果如图 10.10 所示。

	A	B	C	D	E	F	G
1	计算机外设订购数量						
2	产品名称	北京	河北	河南	内蒙	山东	四川
3	CD-光驱	613	662	665	604	1925	791
4	DVD-光驱	1187	1285	1894	921	2619	1458
5	机箱	634	545	709	443	1981	657

图 10.9

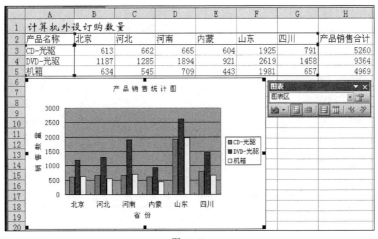

图 10.10

【第 2 题】 将本实验第 1 题中的数据做成折线图。

操作步骤：

可以重复做柱形图的操作（"在图表向导"之 1 中改为选择"折线图"）。也可以在柱形图的基础上进行一些更改：在"图表"工具栏中单击"图表类型"的下拉按钮，选择折线图。结果如图 10.11 所示。

【第 3 题】 将本实验第 1 题中的"CD-光驱"的销售数据做成饼图。

操作步骤：

选定数据（见图 10.12），用鼠标单击"常用"工具栏上的"图表向导"按钮 进入"图表向导"。

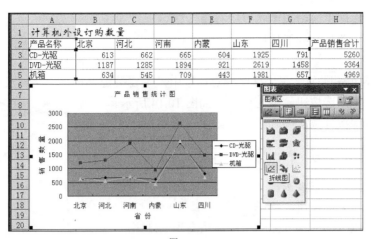

图 10.11

在"图表向导"之 1 中选择"饼图"中的"三维饼图"；在"图表向导"之 2 中，选择默认参数→下一步；进入"图表向导"之 3，在"标题"选项卡的"图表标题"文本框中输入"CD-光驱销售比例图"；在"数据标志"选项卡中，选择"类别名称"、"百分比"、"显示引导线"复选框，单击完成。结果如图 10.13 所示。

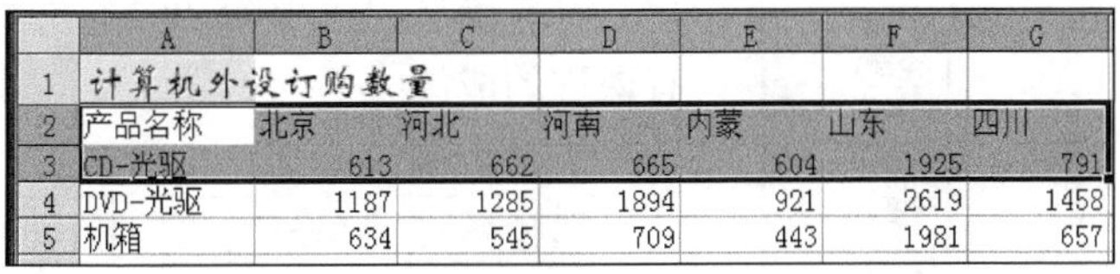

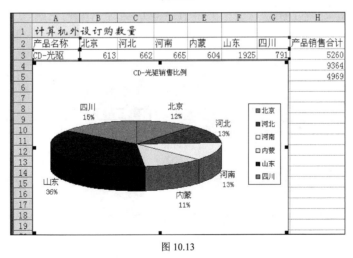

图 10.12

图 10.13

10.5 实验 5 排序和筛选

本实验练习数据表记录的排序，包括单一字段排序和多字段排序；数据表记录的筛选，包括自动筛选和高级筛选。

【第 1 题】 在学生成绩表中进行"排序"。

（1）按成绩分数从高到低排序。

操作步骤：

选择数据菜单→排序，在"排序"对话框中，主要关键字选择"考试成绩"、"降序"，单击"有标题行"单选按钮，单击确定，如图 10.14 所示。

（2）每门课程按分数从高到低排序。

操作步骤：

选择数据菜单→排序，在"排序"对话框中，主要关键字选择"课程号"、"升序"；次要关键字选择"考试成绩"、"降序"，单击"有标题行"单选按钮，单击确定。

（3）每门课程按学系编号划分将成绩从高到低排序。

操作步骤：

选择数据菜单→排序，在排序对话框中，主要关键字选择

图 10.14

"课程号"、"升序"；次要关键字选择"学系编号"、"升序"；第三关键字选择"考试成绩"、"降序"，单击"有标题行"单选按钮，单击确定。

图 10.15

【第 2 题】 在学生成绩表中进行"自动筛选"。

（1）筛选出"保险 991"班学生的所有学生所有课程的成绩。

操作步骤：

选择数据菜单→筛选→自动筛选，操作结果见图 10.15。

在"班级名"下拉列表中选"保险 991"，见图 10.16。

学号	姓名	学系编号	班级名	课程号	课程名	考试成绩	学分	学时
199925009	左孝龙	07	信息991	CMP113	计算机应用基础（二）	80	3	54
199925009	左孝龙	07	信息991	CMP113	应用软件EXCEL	80	3	54
199925009	左孝龙	07	信息991	CMP112	计算机应用基础（一）	96	3	54
199925009	左孝龙	07	信息991	CMP112	应用软件ACCESS	96	3	54

图 10.16

（2）筛选出学系号是"07"、课程名称是"计算机应用基础（一）"的学生成绩。

操作步骤：

在"学系编号"下拉列表中选"07"；在"课程名称"下拉列表中选"计算机应用基础（一）"。哪个先选哪个后选都可以，不影响筛选结果。

（3）筛选出成绩在 90 分（包括 90）以上的学生信息。

操作步骤：

在"考试成绩"下拉列表中选择"自定义"。

在"自定义自动筛选方式"对话框中，左侧通过下拉列表选择"大于或等于"，右侧输入"90"，单击确定，见图 10.17。

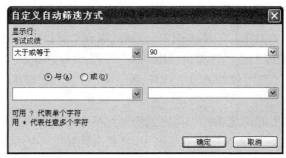

图 10.17

（4）筛选出成绩在 89 分～80 分（包括 80）的学生信息。

操作步骤：

在"考试成绩"下拉列表中选择"自定义"。在"自定义自动筛选方式"对话框中，上面两个下拉列表选择"小于"和"90"；下面两个下拉列表选择"大于或等于"和"80"；中间选择"与"。单击确定。

（5）筛选出学系编号为"06"、"海关 002"班级、"应用软件 EXCEL"课程不及格学生的信息。

操作步骤：

学系编号选"06"；课程名称选"应用软件 EXCEL"；班级名选"海关 002"；考试成绩选"自定义"，在"自定义自动筛选方式"对话框中选"小于"和"60"，单击确定。

（6）取消筛选条件和取消"自动筛选"。

操作步骤：

取消某些筛选条件：在有筛选条件的字段列表的下拉列表中选"全部"，筛选条件即刻取消（见图 10.18）。

取消所有筛选条件或取消"自动筛选"：选择数据菜单→筛选→自动筛选。

	A	B	C	D	E	F
	F1	▼		fx	课程名	
	学号 ▼	姓名 ▼	学系编号 ▼	班级名 ▼	课程号 ▼	课程名 ▼
1						升序排列
5914	200022040	黄珊珊	06	海关002	CMP113	降序排列
5916	200022039	庄小莉	06	海关002	CMP113	
5918	200022038	张帆	06	海关002	CMP113	(全部)
5920	200022037	张翠云	06	海关002	CMP113	(前 10 个...)
5922	200022036	王育杰	06	海关002	CMP113	(自定义...)
5924	200022035	王舒	06	海关002	CMP113	计算机应用基础（二）应用软件EXCEL
5926	200022034	史丹丹	06	海关002	CMP113	应用软件EXCEL

图 10.18

【第 3 题】 在学生成绩表中进行"高级筛选"。

（1）筛选出班级名中有"保险"字样的学生或课程名称是"应用软件 EXCEL"的学生的信息。

操作步骤：

在工作表的某个连续单元格区域（见图 10.19）设置筛选条件。

	P	Q	R
1		班级名	课程名
2		保险*	
3			应用软件EXCEL
4			

图 10.19

将当前单元格设定为数据表中的任意单元格，选择数据菜单→筛选→高级筛选，在高级筛选对话框中，"列表区域"中的单元格区域系统会自动搜索到，用户将插入指针设置在"条件区域"右侧的文本框中，再在工作表中选择图 10.19 的条件区域（Q1:R3），单击 确定 。"高级筛选"对话框如图 10.20 所示。

（2）筛选出"保险 012"班、"计算机应用基础"课程；"金融 005"班、"应用软件 EXCEL"课程；"财务 001"班、"应用软件 ACCESS"课程不及格学生的信息。

操作步骤：

按图 10.21 所示设置好筛选条件。再将当前单元格选为数据表的任意单元格，选择 数据 菜单→ 筛选 → 高级筛选 ，在高级筛选对话框中，"列表区域"中的单元格区域系统会自动搜索到，用户将插入指针设置在"条件区域"右侧的文本框中，再在工作表中选择条件区域（Q1:S4），单击 确定 。

图 10.20

	P	Q	R	S	T
1		班级名	课程名	考试成绩	
4					
5					
6		班级名	课程名	考试成绩	
7		保险012	计算机应用基础	<60	
8		金融005	应用软件EXCEL	<60	
9		财务001	应用软件ACCESS	<60	
10					

图 10.21

（3）取消筛选。

操作步骤：

选择 数据 菜单→ 筛选 → 全部显示 。

10.6　实验 6　分类汇总和数据透视表

本实验练习用分类汇总和数据透视表两种操作方法对数据表中的数据进行分析统计，用户在使用中比较两种操作的异同。

【第 1 题】 在产品销售数据表中，按下列要求进行分类汇总。

（1）按产品型号统计当月的订单个数。

操作步骤：

① 先排序。

当前单元格在数据区域内，选择 数据 菜单→ 排序 ，在"排序"对话框中：主要关键字选择"产品型号"；同时选择"有标题行"。

② 再汇总。

在上述排序基础上，选择 数据 菜单→ 分类汇总 ，在"分类汇总"对话框中，分类字段选"产品型号"，汇总方式选"计数"，汇总项中在"订单编号"字段名前的复选框中单击鼠标左键，单击 确定 。

上述操作的结果如图 10.22 所示。在图 10.22 中，单击汇总行行标左侧的 □ （或记录行左侧的竖线），可以隐藏记录行，如图 10.23 所示。

		A	B	C	D	E	F	G	H	I
1 2 3	1				"兴羽电子科技商贸公司" 销售统计表					
	2	订单编号	订单日期	公司名称	省份	城市	产品类型	产品型号	订购数量	单价
·	55	2005010334	1月16日	恒维电子科技	四川	成都	主板	7DPDW-P	77	748.00
·	56	2005010766	1月23日	华星电子技术	内蒙	赤峰	主板	7DPDW-P	78	748.00
·	57	2005010212	1月10日	唐山万象新	河北	唐山	主板	7DPDW-P	79	748.00
·	58	2005010747	1月22日	烟台中海	山东	烟台	主板	7DPDW-P	79	748.00
-	59	56						7DPDW-P 计数		
·	60	2005010172	1月9日	呼市博实亚	内蒙	呼和浩特	主板	7N40L	7	434.00
·	61	2005010119	1月7日	立星振遥	山东	济南	主板	7N40L	10	434.00

图 10.22

		A	B	C	D	E	F	G	H	I
1 2 3	1				"兴羽电子科技商贸公司" 销售统计表					
	2	订单编号	订单日期	公司名称	省份	城市	产品类型	产品型号	订购数量	单价
+	61	58						7DPDW-P 计数		
+	122	60						7N40L 计数		
+	182	59						7S78-L 计数		
+	243	60						7VTOO-L 计数		
+	302	58						8EGRPE 计数		
·	303	2005010086	1月6日	杭州四方	浙江	杭州	主板	8I85	1	1180.00
·	304	2005010586	1月21日	北京方遥	北京	北京	主板	8I85	3	1180.00

图 10.23

③ 取消汇总数据。

在进行新的分类汇总时，一般需要将原有的汇总数据取消。取消的操作很简单：选择 数据 菜单→ 分类汇总 ，在"分类汇总"对话框中，单击 全部删除 。

（2）统计每一天的销售额。

操作步骤：

① 先排序。

当前单元格在数据区域内，选择 数据 菜单→ 排序 ，在"排序"对话框中指定排序字段：主要关键字选择"订单日期"，同时选择"有标题行"。

② 再汇总。

在上述排序基础上，选择 数据 菜单→ 分类汇总 ，在"分类汇总"对话框中，分类字段选择"订单日期"，汇总方式选择"求和"，选定汇总项中的"实付金额"，单击 确定 。分类汇总结果如图 10.24 所示。

		B	C	D	E	F	G	L
1 2 3	1		"兴羽电子科技商贸公司" 销售统计表					
	2	订单日期	公司名称	省份	城市	产品类型	产品型号	实付金额
+	70	1月3日 汇总						2539870
+	189	1月4日 汇总						4317631
+	294	1月5日 汇总						3590485
+	390	1月6日 汇总						3377377
·	391	1月7日	呼市博实亚	内蒙	呼和浩特	主板	7DPDW-P	9724
·	392	1月7日	太原海星	山西	太原	主板	7DPDW-P	14960

图 10.24

③ 取消汇总数据同（1）。

（3）统计每个省份、每个城市、每种产品型号的订购数量总和、订单个数、平均订购数量和实付金额总和。

操作步骤：

① 先排序。

在排序时需要设置 3 个关键字：主关键字选择"省份"；次要关键字选择"城市"；第三关键字选择"产品型号"。

② 后汇总。

订单个数统计：在上述排序基础上，选择 数据 菜单→ 分类汇总 ，在"分类汇总"对话框中，分类字段选择"产品型号"，汇总方式选择"计数"，选定汇总项中选择"订单数量"；复选框选择"替换当前分类汇总"和"汇总结果显示在数据下方"，单击 确定 。

平均值统计：在上述统计基础上选择 数据 菜单→ 分类汇总 ，在"分类汇总"对话框中，分类字段选择"产品型号"，汇总方式选择"平均值"，选定汇总项中选择"订单数量"；取消"替换当前分类汇总"，选择"汇总结果显示在数据下方"，单击 确定 。

合计数统计：在前两次统计基础上选择 数据 菜单→ 分类汇总 ，在"分类汇总"对话框中，分类字段选择"产品型号"，汇总方式选择"求和"，选定汇总项中选择"订单数量"和"实付金额"；取消"替换当前分类汇总"，选择"汇总结果显示在数据下方"。单击 确定 ，结果见图 10.25。

1 2 3		A	B	F	G	H	J	L
	1	"兴羽电子科技商贸公司"销售统计表						
	2	订单编号	订单日期	产品类型	产品型号	订购数量	应付金额	实付金额
	58				7DPDW-P 计数	55		
	59				7DPDW-P 平均值	46.0545455		
	60				7DPDW-P 汇总	2533		1870913
	119				7N4OL 计数	58		
	120				7N4OL 平均值	38.8793103		
	121				7N4OL 汇总	2255		969417
	122	2005010011	1月3日	主板	7S78-L	33	35211	35211
	123	2005010008	1月3日	主板	7S78-L	65	69355	67968

图 10.25

【第 2 题】 用数据透视表方法进行统计。

操作步骤：

① 光标在数据区域的任意位置，选择 数据 菜单→ 数据透视表和数据透视图 ，弹出 数据透视表和数据透视图 向导窗口，在窗口中选择 Microsoft Office Excel 数据列表或数据库 、 数据透视表 ，单击 下一步 。

② 在弹出的第 2 步操作向导对话框中，选定区域中的区域是系统自动搜索到的，如果这个区域不是用户想选择的区域，用户可以重新选择（通常要做数据透视表的数据区域中应包含标题行），单击 下一步 （见图 10.26）。

③ 在弹出的第 3 步操作向导对话框中，选定"新建工作表"，即数据汇总的结果显示在一张新的工作表中，单击 完成 。

图 10.26

④ 在③中单击 完成 后，Excel 的窗口显现如图 10.27 所示。系统自动新建了一张工作表，在这张工作表中，用蓝色框线框出了 4 个单元格区域，区域中有灰色提示文字显示，还有两个小窗口，一个是 数据透视表 工具栏，一个是 数据透视表字段列表 。用户要将其中的某些字段拖到有灰色提示文字显示的 4 个区域（分别简称为"页字段"、"行字段"、"列字段"和"数据项"）中，才能得到数据透视表的结果数据。

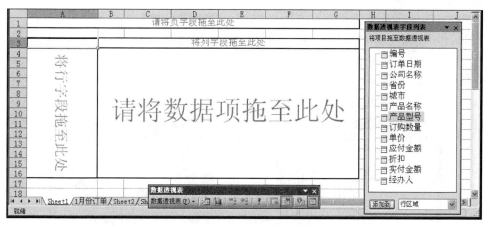

图 10.27

（1）按产品名称统计当月的订单个数。

操作步骤：

将"产品型号"字段从字段列表中拖到"行字段"内，将"订单编号"拖到"数据项"内。结果见图 10.28。

图 10.28

（2）统计每一天的销售额。

操作步骤：

在做新的统计之前，先取消原有的统计数据：分别将"产品型号"字段（A4）和"订单编号"（A3）拖回到"数据透视表字段列表"窗口中，窗口恢复（1）操作之前的状态。

将"订单日期"字段从字段列表中拖到"行字段"内，将"实付金额"字段拖到"数据项"内，统计数据随即显示（见图 10.29）。

（3）统计每个省份、每个城市、每种产品型号的订购数量总和、订单个数、平均订购数量和实付金额总和。

操作步骤：

① 先将原有的统计数据取消，方法同（2）。

② 将"省份"字段从字段列表中拖到"页字段"内、将"产品型号"拖到"列字段"内、将"城市"字段拖到"行字段"内。

③ 将"订购数量"拖到"数据项"内，然后（当前单元格在"数据项"内）在"数据透视表"工具栏中单击"字段设置"按钮，弹出"数据透视表字段"对话框，将汇总方式改为"计数"，单击|确定|，见图 10.30。

图 10.29

图 10.30

④ 再将"订购数量"拖到"数据项"内（当前单元格为新的汇总数据），单击"数据透视表"工具栏中的"字段设置"按钮，在"数据透视表字段"对话框中，将汇总方式改为"平均值"，单击|确定|。

⑤ 第三次将"订购数量"拖到"数据项"内，将"实付金额"也拖到"数据项"内，结果见图 10.31。

省份	(全部)							
		产品类型						
城市	数据	CD-光驱	DVD-光驱	机箱	网卡	显示卡	主板	总计
北京	计数项:订购数量	12	24	15	7	10	81	149
	平均值项:订购数量	51.083333	49.041667	42.133333	34.571429	42.1	45.111111	45.228188
	求和项:订购数量	613	1177	632	242	421	3654	6739
	求和项:实付金额	303546.12	1278491.9	165011.24	237557.86	256221.66	3227461	5468289.8
成都	计数项:订购数量	17	34	18	5	17	89	180
	平均值项:订购数量	46.411765	42.882353	36.5	37.4	42.176471	44.516854	43.166667
	求和项:订购数量	789	1458	657	187	717	3962	7770
	求和项:实付金额	390756.04	1487290.6	168373	184218.28	664164.42	3677410.1	6572212.4
赤峰	计数项:订购数量	6	13	5	6	8	47	85
	平均值项:订购数量	49.333333	42.076923	34.2	45.166667	56	43.87234	44.647059
	求和项:订购数量	296	547	171	271	448	2062	3795
	求和项:实付金额	119484.08	677601	49226.48	231491.22	372490.94	1825540.7	3275834.4
杭州	计数项:订购数量	4	5	3	4	5	25	52

图 10.31

用户可以根据自己的需要，将要统计的字段从"数据透视表字段列表"窗口中拖到数据透视表相应的字段位置中，不需要的统计字段再从相应的字段位置拖回到"数据透视表字段列表"窗口中。

第11章 上机实验（函数应用）

本章共有5个实验，每个实验的数据已经输入在工作簿文件中。

11.1 实验1 统计函数与数学函数

【第1题】 XX年研究生入学考试成绩如表11.2所示（该表数据共有5974行）。

	A	B	C	D	E	F	G	H	I	J
1	ksbh	专业	外语	外语分	政治分	业务1	业务1分	业务2	业务2分	总分
2	100363011080001	金融学	统考英语	79	70	数学四	102	金融学综合	120	371
3	100363011080002	金融学	统考英语	47	49	数学四	48	金融学综合	73	217
4	100363011080003	金融学	统考英语	76	66	数学四	79	金融学综合	100	321
5	100363011080004	金融学	统考英语	30	55	数学四	70	金融学综合	70	225
6	100363011080005	金融学	统考英语	62	60	数学四	77	金融学综合	84	283
7	100363011080006	金融学	统考英语	53	81	数学四	130	金融学综合	116	380
8	100363011080007	金融学	统考英语	0	0	数学四	0	金融学综合	0	0

图 11.1

要求：

（1）统计参加考试的考生人数（总分不为0的记录个数）；缺考人数；总分在350分以上的人数。

操作步骤：

参加考试的考生人数：在O3单元格中输入公式：=COUNTIF(J2:J5974,"<>0")

缺考人数：在Q3单元格中输入公式：=COUNTIF(J2:J5974,0)

总分在350分以上的人数：在O4单元格中输入公式：=COUNTIF(J2:J5974,">350")

结果如图11.2所示。

	L		N	O	P	Q
3	1、参加考试的考生人数（总分不为0的记录个数）			5241	缺考人数	732
4	总分在350分以上的人数			489		

图 11.2

（2）将参加考试的考生记录复制到表"第2题"中，为第2题的练习做准备。

操作步骤：

利用 Excel 对数据的自动筛选功能，将符合条件的记录筛选出来，再进行复制、粘贴操作。

① 选定字段列标题行 A1:J1。

② 单击 数据 → 筛选 → 自动筛选 ，则在每个字段列标题行旁出现下拉箭头。

③ 单击"总分"字段的下拉箭头，选择"自定义"命令，则出现"自定义自动筛选方式"对话框，在对话框左侧"总分"下拉列表框中选择"不等于"，右侧数值框中输入"0"，单击 确定 。

④ 选定单元格引用 A 列至 K 列（在列标题上拖曳），执行"复制"命令。

⑤ 选定工作表标签"实验 1 第 2 题"的 A1 单元格，执行"粘贴"命令。

【第 2 题】 在工作表"实验 1 第 2 题"中，按如下要求统计。

（1）统计表中各项成绩及总分的最高分、最低分、平均分、标准差、众度和中位数。

操作步骤：

外语分最高成绩：在 M4 单元格中输入公式"=MAX(D2:D5242)"；

外语分最低成绩：在 M5 单元格中输入公式"=MIN(D2:D5242)"；

外语分平均成绩：在 M6 单元格中输入公式"=AVERAGE(D2:D5242)"；

外语分标准差：在 M7 单元格中输入公式"=STDEV(D2:D5242)"；

外语分众度：在 M8 单元格中输入公式"=MODE(D2:D5242)"；

外语分中位数：在 M9 单元格中输入公式"=MEDIAN(D2:D5242)"。

其他成绩对应项目的统计方法类似，不再重复。统计结果如图 11.3 所示。

	L	M	N	O	P	Q
3		外语分	政治分	业务1分	业务2分	总分
4	最高分	95	94	146	156	421
5	最低分	0	0	0	0	5
6	平均分	52.07	61.12	69.78	86.60	269.58
7	标准差	15.50	14.19	29.11	29.21	70.26
8	众度	55	70	0	0	292
9	中位数	53	62	68	92	283

图 11.3

（2）频度统计：分区间统计总分出现的频率及各区间人数的百分比。 区间为：400 分以上；350～400；300～350；260～300；260 以下。

操作步骤：

① 输入频率计算分段点：在 M16:M20 单元格中输入 259,299,349,399。

② 选定 N16:N20，输入公式"=FREQUENCY(J2:J5241,M16:M19)"。

③ 按 Ctrl+Shift+Enter 键即得出运算结果。

④ 将结果填入工作表的 M13:Q13 区域。

⑤ 各区间人数的百分比：选定 M14，输入公式"=M13/SUM($M$13:$Q$13)"，将公式复制到 N14:Q14 即可。运算结果如图 11.4 所示。

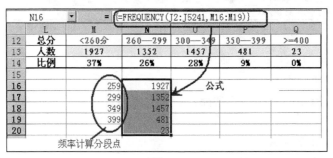

图 11.4

（3）将（2）统计结果复制到其他位置，分别使用取整函数"INT()"，将结果保留整数；使用四舍五入函数"ROUND()"，将结果保留两位小数（自己练习）。

11.2 实验 2 逻辑函数

【练习准备】 复制工作表"实验 1 第 2 题"中总分排在前 50 名的"ksbh"、"外语分"、"政治分"、"业务 1 分"、"业务 2 分"及"总分"字段（见图 11.5）的内容到表"实验 2"。

	A	B	C	D	E	F	G	H	I	J
1	ksbh	外语分	政治分	业务1分	业务2分	总分	等级	基础业务均优	业务优	基础优或业务优并且总分高于400
2	100363011080028	63	68	138	125	394				
3	100363011080052	71	65	123	133	392				
4	100363011080151	79	71	132	126	408				
5	100363011080173	74	76	138	109	397				

图 11.5

操作步骤：

利用 Excel 对数据的自动筛选功能，将符合条件的记录筛选出来，再进行复制、粘贴操作。

① 选定字段列标题行 A1:J1。

② 单击 数据 → 筛选 → 自动筛选 ，则在每个字段列标题行旁出现下拉箭头。

③ 单击"总分"字段的下拉箭头，选择"前 10 个"命令，则出现"自动筛选前 10 个"对话框，将对话框中参数设置为显示"最大"、"50"、"项"，单击 确定 。

④ 单击"A"列标题，按住 Ctrl 键同时单击列标题"D"、"E"、"G"、"I"、"J"，执行"复制"命令。

⑤ 选定工作表标签"实验 2"的 A1 单元格，执行"粘贴"命令。

【第 1 题】 按"总分"自动评出等级。

等级标准为："优秀"：总分 400 分以上；"良好"：总分 350～400；"中等"：总分 300～350；"及格"：总分 260～300；"不及格"：总分在 260 以下。

操作步骤：

在单元格 G2 中输入公式"=IF(F2>=400,"优秀",IF(F2>=350,"良好",IF(F2>=300,"中等",IF(F2>=260,"及格","不及格"))))"，并将公式复制到区域从 G3 至本列记录结尾处。

【第 2 题】 输入公式，以便判断该记录"基础业务均优"、"业务优"、"基础优或业务优并且总分高于 400"字段的值为"TRUE"或者为"FALSE"。

判断标准：

基础优：政治+外语在 150 分以上者；

业务优：业务 1+业务 2 在 250 分以上。

操作步骤：

业务优：在单元格 I2 中输入公式"=D2+E2>=250"，将公式复制到从 I3 至本列记录结尾处。

基础业务均优：在单元格 H2 中输入公式"=AND(B2+C2>=150,I2)"，将公式复制到从 H3 至本列记录结尾处。

基础优或业务优并且总分高于 400：在单元格 J2 中输入公式"=AND(OR(B2+C2>= 150,I2),F2>=400)"，将公式复制到从 J3 至本列记录结尾处。

计算结果如图 11.6 所示。

注意： 在操作完毕，要将工作表"实验 1 第 1 题"和"实验 1 第 2 题"的数据筛选去掉，以使计算结果正常显示出来，同时保证"实验 3"能够正常进行。方法是：执行 数据 → 筛选 ，将"自动筛选"命令左边的勾去掉。

	F	G	H	I	J
1	总分	等级	基础业务均优	业务优	基础优或业务优并且总分高于400
2	394	良好	FALSE	TRUE	FALSE
3	392	良好	FALSE	TRUE	FALSE
4	408	优秀	TRUE	TRUE	TRUE
5	397	良好	FALSE	FALSE	FALSE
6	400	优秀	FALSE	TRUE	TRUE
7	401	优秀	TRUE	TRUE	TRUE

图 11.6

11.3　实验 3　数据库函数

【第 1 题】 使用数据库函数在工作表"实验 1 第 2 题"中按下列要求统计：

1．总分 400 分以上的记录个数；

2．总分为 350～400 分的记录个数；

3．报考"国际贸易学"专业的总分 300 分以上的记录个数；

4．符合下述条件之一的记录个数：总分 300 以上；"业务 1 分"在 80 分以上；"业务 2 分"在 80 分以上；

5．报考"国际贸易学"专业总分的最高分；

6．报考"国际贸易学"专业总分的平均分。

操作步骤：

在使用数据库函数进行统计时，操作步骤为：

① 构造条件区域。

本题第 1 问：在 A3 单元格输入"总分"，在 A4 单元格输入">=400"，则条件区域为"A3:A4"；

② 选择放置结果的单元格输入公式（数据库函数）。

本题第 1 问：在单元格 D2 中输入公式"=DCOUNT（实验 1 第 2 题!A1:J5241,实验 1 第 2 题!J1,A3:A4)"。

本实验的 1～6 各问的条件区域设置及各公式如图 11.7 所示，计算结果如图 11.8 所示。

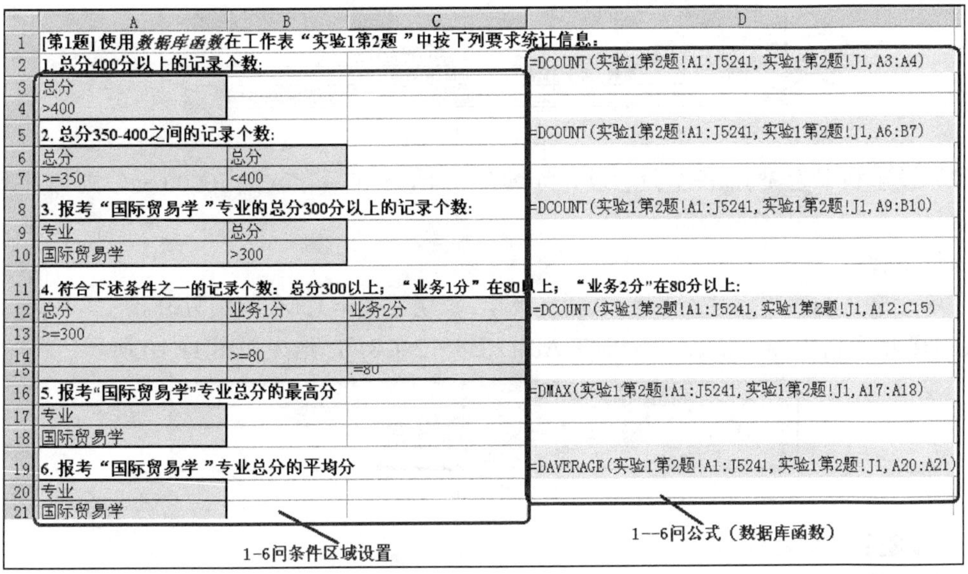

图 11.7

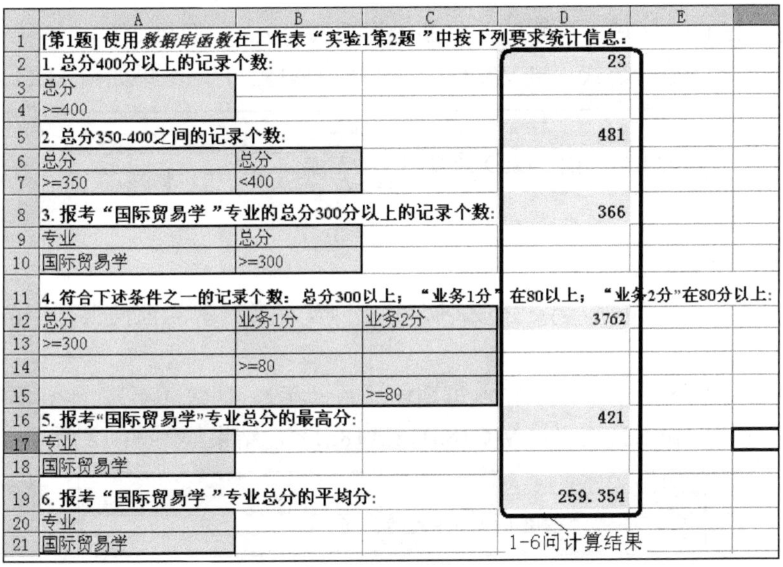

图 11.8

11.4　实验 4　财务函数

【第 1 题】　PMT 函数。

（1）贷款 100000 元，年利率 6%，10 年还清，每月需还款多少元？

操作步骤：

在单元格 A4:C4 区域中分别输入利率（年）、期数（年）、贷款额数值；

在单元格 D4 中输入公式："=PMT(A4/12,B4*12,B4,C4)"，结果如图 11.9 所示。

图 11.9

（2）设年利率为 3%，每个月存款，连续存 5 年，5 年后存款额 50000 元，则每月需存款多少元？

操作步骤：

在单元格 A8:C8 区域中分别输入利率（年）、期数（年）、存款额数值；

在 D8 单元格中输入公式 "=PMT(A8/12,B8*12,,C8)"，结果如图 11.10 所示。

图 11.10

【第 2 题】 FV 函数。

每月月初存入 1000 元，年利率为 2.25%，30 年后是多少金额。

操作步骤：

在单元格 A13:C13 区域中分别输入每期投资数（月）、期数（年）、年利率（年）数值；

在 D13 单元格中输入公式 "=FV(C13/12,B13*12,A13,,1)"，结果如图 11.11 所示。

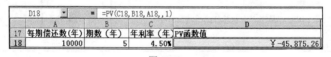

图 11.11

【第 3 题】 PV 函数。

5 年内每年偿还 10000 元，年利率为 4.5%，用 PV 函数计算当前向银行申请的贷款金额。

操作步骤：

在单元格 A18:C18 区域中分别输入每期偿还数（年）、期数（年）、年利率（年）数值；

在 D18 单元格中输入公式 "=PV(C18,B18,A18,,1)"，结果如图 11.12 所示。

图 11.12

11.5　实验 5　查找与引用函数

【第 1 题】 使用 vlookup 函数根据图 11.13 中右侧 "××年度税额计算表"，查找 "综合所得净额"（D12 单元格中的数值）适应的税率及累进差额（结果放在 D13、D14 单元格中）。

操作步骤：

适应税率：选择放结果的单元格 D13，输入公式 "=VLOOKUP(D12,F5:H18,2)"；

累进差额：选择放结果的单元格 D14，输入公式 "=VLOOKUP(D12,F5:H18,3)"。

	A	B	C	D	E	F	G	H
4	个人综合所得税计算模式					××年度税额计算表		
5	综合所得税总额			750,000		所得	税率	累进差额
6	减:	免税额		-68000		0	6%	0
7		抚养亲属宽减额		-40000		100000	8%	1600
8		扣除额:				180000	10%	4800
9			标准扣除额	-27000		260000	12%	10000
10			薪资特别扣除	-60000		350000	15%	21400
11			储蓄特别扣除	-144574		560000	18%	27900
12	综合所得净额			410,426		730000	22%	67100
13			适用税率			1000000	26%	107000
14			累进差额			1500000	30%	163100
15	应付所得税					1800000	34%	235100
16	扣缴税额					2500000	39%	350100
17						2880000	44%	490100
18						4000000	50%	700100

图 11.13

【第 2 题】　单元格区域 A26:A31 存放的是从工作表"实验 2"中随机抽取的"ksbh"，要求使用函数在工作表"实验 2"中查找这些考生的"外语分"、"政治分"、"业务 1 分"、"业务 2 分"及"总分"，将结果分别存放在单元格 B26:F31 中。如图 11.14 所示。

	A	B	C	D	E	F
25	ksbh	外语分	政治分	业务1分	业务2分	总分
26	10036301108005	71	65	123	133	392
27	10036301309576	73	78	139	130	420
28	10036301408128	80	83	111	124	398
29	10036302109529	79	72	112	138	401
30	10036305109711	93	71	108	120	392
31	10036306408114	74	71	123	135	403

给定的考生编号　　　　　从工作表"实验2"中找出的结果

图 11.14

操作步骤:

返回"外语分"：选择单元格 B26，输入公式"=VLOOKUP(A26,实验 2!A1:J56,2,0)"，并将公式复制到单元格 B27:B31 中。

返回"政治分"：选择单元格 C26，输入公式"=VLOOKUP(A26,实验 2!A1:J56,3,0)"，并将公式复制到单元格 C27:C31 中。

返回"业务 1 分"、"业务 2 分"及"总分"的方法相同，不再重复。结果如图 11.14 所示。

第12章 上机实验（高级应用）

12.1 实验1 假设分析

【第1题】 单变量求解。

假设某公司一月开支数据如图 12.1 所示，其中，总开支=职员工资+房租+职员奖金+水电费，现在想将总开支控制在 50000 元，应将职员奖金调整到多少？

操作步骤：

① 将数据输入在工作表中，在单元格 B6 中输入公式"=SUM(B2:B5)"，如图 12.1 所示。

② 单击 工具 → 单变量求解，弹出"单变量求解"对话框，在"目标单元格"中输入"B6"，在"目标值"中输入"50000"，在"可变单元格"中输入"$B$4"，如图 12.2 所示。

③ 单击 确定。

图 12.1 "单变量求解"数据模型　　图 12.2 "单变量求解"对话框

【第2题】 单变量模拟运算表。

（1）单变量单公式模拟运算表

模拟计算当月收入为 391000 元时，税率分别为 12%、14%、16%、18%、20%时应交纳的税费。（设：税费=收入×税率）

操作步骤：

① 输入计算模型（A1:B2）及变化的税率(A5:A10)，如图 12.3 所示。

② 在 B4 单元格中输入公式"=B2*B1"。

③ 选取包括公式和需要进行模拟运算的单元格区域 A4:B10。

④ 单击 数据 → 模拟运算表，弹出"模拟运算表"对话框，在"输入引用列的单元格"中输入"$B$1"，如图 12.4 所示。

⑤ 单击 确定，即得到单变量的模拟运算表，如图 12.5 所示。

（2）单变量多（双）公式模拟运算表

若贷款 200000 元，期限 10 年，模拟计算当贷款年利率分别为 5.00%，5.25%，…，6.75%时，计算月等额还款金额及 10 年还款总额。

图 12.3 单变量模拟运算表　　　图 12.4 "模拟运算表"对话框　　　图 12.5 运算表结果

操作步骤：

① 输入计算模型（A1:B3）及变化的利率（A6:A13）。

② 在 B5 单元格中输入计算还款的公式 "=PMT(B3/12,B2*12,B1)"，在 C5 单元格中输入计算利息总额的公式 "=–B5*B2*12"，负号是为了使结果为正数，如图 12.6 所示。

③ 选取包括公式和需要进行模拟运算的单元格区域 A5:C13。

④ 单击 数据 → 模拟运算表，弹出 "模拟运算表"对话框，在 "输入引用列的单元格" 中输入 "$B$3"。

⑤ 单击 确定，即得到运算结果。

【第3题】 双变量模拟运算表。

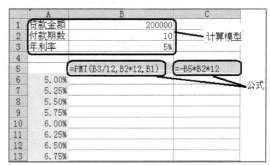

图 12.6 单变量多（双）公式模拟运算表

若贷款期限为 10 年，模拟计算当贷款分别为 200000 元、250000 元……500000 元，当年利率分别为 5.00%，5.25%，…，6.75%时，计算月等额还款金额。

操作步骤：

① 输入计算模型（A1:B3）、变化的利率(A6:A13)及变化的贷款额（B5:H5）。

② 在 B5 单元格中输入计算还款的公式 "=PMT(B3/12,B2*12,B1)"，如图 12.7 所示。

③ 选取包括公式和需要进行模拟运算的单元格区域 A5:H13。

④ 单击 数据 → 模拟运算表，弹出 "模拟运算表"对话框，在 "输入引用行的单元格" 中输入 "$B$1"，"输入引用列的单元格" 中输入 "$B$3"。

⑤ 单击 确定，即得到运算结果。

	A	B	C	D	E	F	G	H
1	贷款金额	200000						
2	付款期数	10						
3	年利率	5%						
4								
5	=PMT(B3/12,B2*12,B1)	200000	250000	300000	350000	400000	450000	500000
6		5.00%						
7		5.25%						
8		5.50%						
9		5.75%						
10		6.00%						
11		6.25%						
12		6.50%						
13		6.75%						

图 12.7 双变量模拟运算表

【第4题】 方案管理器。

设有 3 种备选方案，使用方案管理器生成方案及方案摘要，从中选出最优惠的方案。

（1）工商银行：贷款额 300000 元，付款期数 120 期（每月 1 期，共 10 年），年利率 5.75%。

（2）建设银行：贷款额 300000 元，付款期数 180 期（每月 1 期，共 15 年），年利率 6.05%。

（3）中国银行：贷款额 300000 元，付款期数 240 期（每月 1 期，共 20 年），年利率 6.3%。

操作步骤：

① 建立模型：将数据、变量及公式输入在工作表中，如图 12.8 所示。

② 给单元格命名：选定单元格区域 A1:B10，单击 插入 → 名称 → 指定，在弹出的"指定名称"对话框中，选定"最左列"复选框。

③ 建立方案。

● 单击 工具 → 方案，弹出"方案管理器"对话框，单击 添加 按钮，弹出"编辑方案"对话框：在"方案名"框中键入方案名"工商银行"，在"可变单元格"框中键入"B1:B3"，单击 确定，就会进入到图 12.9 所示的"方案变量值"对话框。

图 12.8　建立模型

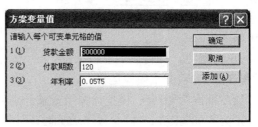

图 12.9　"方案变量值"对话框

● 按图 12.9 所示设置对话框中的参数，单击 添加 按钮重新进入"编辑方案"对话框中，重复上述步骤，输入全部的方案。当输入完所有的方案后，单击 确定，就会看到图 12.10 所示的"方案管理器"对话框。至此，已完成了三套方案的设置。

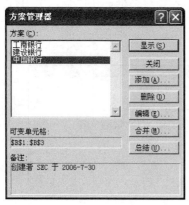

图 12.10　"方案管理器"对话框

图 12.11　"方案摘要"对话框

④ 生成方案摘要报告：单击"方案管理器"对话框中的 摘要 按钮，在弹出的"方案摘要"对话框中的"结果单元格"中输入"B5"（见图 12.11），单击 确定，则会生成"方案摘要"报告，如图 12.12 所示。

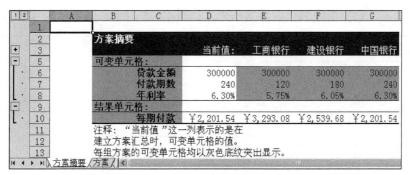

图 12.12 "方案摘要"报告

12.2 实验 2 线性回归

【第 1 题】 一元线性回归。

某地高校教育经费（x）与高校学生人数（y）连续 6 年的统计资料如图 12.13 所示。

要求：建立回归直线方程，并估计教育经费为 500 万元的在校学生数。

操作步骤：

① 建立数据模型。

将数据输入到 Excel 表格中，如图 12.13 所示。

② 回归分析。

● 单击 工具 → 加载宏 ，在"加载宏"对话框中，选中"分析工具库"复选框 → 确定 （若已加载数据分析宏，则此步可以省略）。

● 单击 工具 → 数据分析 ，在"数据分析"对话框中，选中"回归"命令 → 确定 ，则会弹出"回归"对话框。

● 选择工作表中的$B$1:$B$7 单元格作为"Y 值输入区"，选择工作表中的$A$1:$A$7 单元格作为"X 值输入区"，在"输出区域"框中选择$A$9 单元格，并设置对话框中的其他参数如图 12.14 所示。

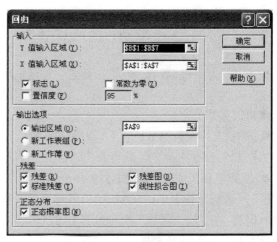

	A	B
1	教育经费x（万元）	在校学生数y（万人）
2	316	11
3	343	16
4	373	18
5	393	20
6	418	22
7	455	25

图 12.13 建立数据模型   图 12.14 "回归"对话框及参数设置

● 单击 确定 ，则出现回归分析数据结果，如图 12.15 所示，图形结果（略）。

	A	B	C	D	E	F	G	H	I
9	SUMMARY OUTPUT								
11		回归统计							
12	Multiple R	0.985399309							
13	R Square	0.971011799							
14	Adjusted R Square	0.963764749							
15	标准误差	0.929954122							
16	观测值	6							
18	方差分析								
19		df	SS	MS	F	ignificance F			
20	回归分析	1	115.8741	115.8741	133.9872	0.000318214			
21	残差	4	3.459259	0.864815					
22	总计	5	119.3333						
24		Coefficients	标准误差	t Stat	P-value	Lower 95%	Upper 95%	下限 95.0%	上限 95.0%
25	Intercept	-17.92011865	3.183487	-5.62908	0.004899	-26.7589145	-9.081322834	-26.7589	-9.08132
26	教育经费x（万元）	0.095526885	0.008253	11.57528	0.000318	0.072613754	0.118439955	0.072614	0.11844
30	RESIDUAL OUTPUT					PROBABILITY OUTPUT			
32	观测值	预测 在校学生数y（万人）	残差	标准残差		百分比排位	文学生数y（万人）		
33	1	12.26636741	-1.26637	-1.52249		8.333333333	11		
34	2	14.84559248	1.154408	1.387882		25	16		
35	3	17.71139812	0.288602	0.346971		41.66666667	18		
36	4	19.62193521	0.378065	0.454527		58.33333333	20		
37	5	22.01010658	-0.01011	-0.01215		75	22		
38	6	25.5446002	-0.5446	-0.65474		91.66666667	25		

图 12.15　回归分析结果

③ 建立回归方程。

由图 12.16 可见，回归方程 $Y=a*X+b$ 中，$a=0.0955268546227748$，$b=-17.9201186538561$，所以方程为：$Y=0.0955268546227748*X-17.9201186538561$

根据方程，当教育经费 X 为 500 万元时，在校学生数

$$Y = 0.0955268546227748*500 - 17.9201186538561$$
$$=0.0955268546227748*500-17.9201186538561 \approx 29.8 \text{ 万人}$$

【第 2 题】　多元线性回归。

在图 12.17 所示的数据中，假设劳动力参与率（Y）与失业率（X_1）和平均小时工资（X_2）之间满足线性模型：$Y=a_1X_1+a_2X_2+b$，用线性回归的方法估计劳动力参与率（Y）关于失业率（X_1）和平均小时工资（X_2）的线性方程。

操作步骤：

① 建立数据模型。

将数据输入到 Excel 表格中，如图 12.16 所示。

② 回归分析。

● 单击 工具 → 加载宏 ，在"加载宏"对话框中，选中"分析工具库"复选框→ 确定 （若已加载数据分析宏，则此步可以省略）。

● 单击 工具 → 数据分析 ，在"数据分析"对话框中，选中"回归"命令→ 确定 ，则会弹出"回归"对话框。

● 选择工作表中的$B$1:$B$19 单元格作为"Y 值输入区"，选择工作表中的$C$1:$D$19 单元格作为"X 值输入区"，在"输出区域"框中选择$A$21 单元格，并选择"标志"复选框。根据需要可选择其他选项。

	A	B	C	D
1	年份	劳动力参与率	失业率	平均小时工资
2	1980	63.8	7.1	7.78
3	1981	63.9	7.6	7.69
4	1982	64	9.7	7.68
5	1983	64	9.6	7.79
6	1984	64.4	7.5	7.8
7	1985	64.8	7.2	7.77
8	1986	65.3	7	7.81
9	1987	65.6	6.2	7.73
10	1988	65.9	5.5	7.69
11	1989	66.5	5.3	7.64
12	1990	66.5	5.6	7.52
13	1991	66.2	6.8	7.45
14	1992	66.4	7.5	7.41
15	1993	66.3	6.9	7.39
16	1994	66.6	6.1	7.4
17	1995	66.6	5.6	7.4
18	1996	66.8	5.4	7.43
19	1997	68.01	6.5	7.01

图 12.16　建立数据模型

● 单击确定，则出现回归分析数据结果，如图 12.17 所示，图形结果（略）。

	A	B	C	D	E	F	G	H	I
21	SUMMARY OUTPUT								
22									
23		回归统计							
24	Multiple R	0.941971527							
25	R Square	0.887310358							
26	Adjusted R Sq	0.872285072							
27	标准误差	0.440526912							
28	观测值	18							
29									
30	方差分析								
31		df	SS	MS	F	ignificance F			
32	回归分析	2	22.9207	11.4603453	59.054	7.74694E-08			
33	残差	15	2.91096	0.19406396					
34	总计	17	25.8317						
35									
36		Coefficients	标准误差	t Stat	P-value	Lower 95%	Upper 95%	下限 95.0%	上限 95.0%
37	Intercept	98.09084159	3.86823	25.35808406	1E-13	89.84590448	106.335779	89.84590448	106.3358
38	失业率	-0.445368004	0.08914	-4.996005178	0.0002	-0.63537582	-0.2553602	-0.63537582	-0.25536
39	平均小时工资	-3.880052403	0.53301	-7.279450845	3E-06	-5.01614648	-2.7439583	-5.01614648	-2.74396
40									
43	RESIDUAL OUTPUT					PROBABILITY OUTPUT			
44									
45	观测值	预测 劳动力参与率	残差	标准残差		百分比排位	劳动力参与率		
46	1	64.74192106	-0.9419	-2.276254905		2.777777778	63.8		
47	2	64.86844178	-0.9684	-2.340345102		8.333333333	63.9		
48	3	63.97196949	0.02803	0.067738778		13.88888889	64		
49	4	63.58970053	0.4103	0.991533393		19.44444444	64		
50	5	64.48617281	-0.0862	-0.208245992		25	64.4		
51	6	64.73618479	0.06382	0.154216422		30.55555556	64.8		
52	7	64.67005629	0.62994	1.522327633		36.11111111	65.3		
53	8	65.33675489	0.26325	0.636160511		41.66666667	65.6		
54	9	65.80371458	0.09629	0.232684202		47.22222222	65.9		
55	10	66.08679081	0.41321	0.998565055		52.77777778	66.2		
56	11	66.41878669	0.08121	0.196260809		58.33333333	66.3		
57	12	66.15594876	0.04405	0.106454632		63.88888889	66.4		
58	13	65.99939325	0.40061	0.968109875		69.44444444	66.5		
59	14	66.3442151	-0.0442	-0.106850608		75	66.5		
60	15	66.66170898	-0.0617	-0.149126473		80.55555556	66.6		
61	16	66.88439298	-0.2844	-0.687266634		86.11111111	66.6		
62	17	66.85706501	-0.0571	-0.137903815		91.66666667	66.8		
63	18	67.99678221	0.01322	0.031942219		97.22222222	68.01		

图 12.17　回归分析结果

③ 建立回归方程。

由图 12.17 可见，多元线性回归方程 $Y=a_1X_1+a_2X_2+b$ 中，$a_1=-0.445368003888336$，$a_2=-3.88005240341546$，$b=98.090841587805$，所以劳动力参与率（Y）关于失业率（X_1）和平均小时工资（X_2）的线性方程为：

$$Y=-0.445368003888336*X_1-3.88005240341546*X_2+98.090841587805$$

12.3　实验 3　规划求解

【第 1 题】　求线性规划问题。

（1）在工厂的生产中，由于人工时数与机器时数的限制，生产的产品数量和品种受到一定的限制，例如某服装厂生产男服和女服，生产每件男服需要机工 5 小时，手工 2 小时，生产每件女服需要机工 4 小时，手工 3 小时，机工最多有 270 小时，手工最多有 150 小时。生产男服一件可得利润 90 元，生产女服一件可得利润 75 元，男服的数量不能超过 42 件。

问：如何安排男服和女服的数量以获得最多利润。

操作步骤:

设: 生产男服数量为 X_1, 女服数量为 X_2, 问题化为求最大值 Max $Z=90X_1+75X_2$, 约束条件为:

机工时数约束: $5X_1+4X_2<=270$

手工时数约束: $2X_1+3X_2<=150$

男服数量约束: $X_1<=42$

用 Excel 求解 X_1、X_2 的数量。

① 建立数据模型。

将上述变量、约束条件和公式, 输入到工作表中, 如图 12.18 所示。

	A	B	C	D	E	F
1			各种玩具生产的最佳生产数量			
2			男服	女服		
3		利润	90	75		
4		数量	20	40		要预测的（可变单元格）
5		利润	=C3*C4	=D3*D4		
6		总利润	=SUM(C5:D5)			要求解最大值
7						
8		最大用量	已用量			
9	机工	270	=C4*D9+D4*E9	5	4	约束条件
10	手工	150	=C4*D10+D4*E10	2	3	
11	男服数量	42	=C4			

图 12.18　建立数据模型

其中单元格中的公式为:

$$C5: =C3*C4$$
$$D5: =D3*D4$$
$$C6: =SUM(C5:D5)$$
$$C9: =C4*D9+D4*E9$$
$$C10: =C4*D10+D4*E10$$
$$C11: =C4$$

② 进行求解。

● 单击 工具 → 规划求解, 弹出"规划求解参数"对话框, 如图 12.19 所示。

图 12.19　"规划求解参数"对话框

● 在"规划求解参数"对话框中, "设置目标单元格"框中输入"$C$6"; "等于"选"最大值"; "可变单元格"中输入"$C$4:$D$4"; 在"约束"中添加约束条件: "$C$9:$C$11<=$B$9:$B$11"。

● 单击求解，系统将显示如图 12.20 所示的"规划求解结果"对话框，选择"保存规划求解结果"选项，单击确定，则求解结果显示在工作表上，如图 12.21 所示。

图 12.20　"规划求解结果"对话框

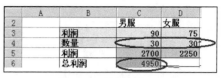

图 12.21　运算结果

● 如果需要，还可以选择"运算结果报告"、"敏感性报告"、"极限值报告"及"保存方案"，以便于对运算结果做进一步的分析。

（2）某房屋建筑开发公司，现有资金 9000 万元，拟建造 350 套住宅。住宅共 3 种规格：两室一厅、三室一厅、四室一厅。通过市场调查，3 种规格的住宅需求不同，两室一厅占 15%，三室一厅占 60%，四室一厅占 25%。3 种规格的住宅，每套造价依次为 20 万元、25 万元、30 万元。利润依次为 2 万元、3 万元、4 万元。根据这些条件，如何安排建设才能使公司的利润获得最大？

提示：根据题意，设决策变量 X_1、X_2、X_3 代表 3 种住宅的建造数量，目标函数取最大 Max $Z=2X_1+3X_2+4X_3$，约束条件依次为：

资金约束：$20X_1+25X_2+30X_3 \leq 9000$

住宅套数约束：$X_1+X_2+X_3 \leq 350$

二室比例约束：$X_1/(X_1+X_2+X_3) \leq 0.15$

三室比例约束：$X_2/(X_1+X_2+X_3) \leq 0.60$

四室比例约束：$X_3/(X_1+X_2+X_3) \leq 0.25$

同时要求非负约束：$X_1 \geq 0$、$X_2 \geq 0$、$X_3 \geq 0$

将上述变量、约束条件和公式，输入到工作表中。

求解结果：两室住宅建造 53 套、三室住宅建造 212 套、四室住宅建造 88 套，合计 353 套，此时可获利润 1094.12 万元。9000 万元资金正好用完，套数比例完全满足市场需要。

操作步骤：（略）。

【第 2 题】　利用规划求解工具求解下面方程组：

$$\begin{cases} 3x^2+2y^2-2z-8=0 \\ x^2+(x+1)y-3x+z^2-5=0 \\ xz^2+3x+4yz-10=0 \end{cases}$$

操作步骤：

① 建立计算模型。在工作表中输入数据及公式，如图 12.22 所示。

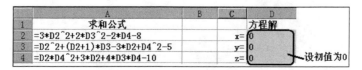

图 12.22　利用"规划求解"工具求解方程组

● 单元格 D2:D4 为可变单元格，存放方程组的解，其初值可设为零（也可为空）。
● 在 A2 单元格中输入求和公式"=3*D2^2+2*D3^2-2*D4-8"。
● 在 A3 单元格中输入求和公式"=D2^2+(D2+1)*D3-3*D2+D4^2-5"。
● 在 A4 单元格中输入求和公式"=D2*D4^2+3*D2+4*D3*D4-10"。
② 进行求解。
● 单击 工具 → 规划求解，弹出"规划求解参数"对话框，在"规划求解参数"对话框中，"设置目标单元格"为"$A$2"；"等于"设置为"值为 0"；"可变单元格"设置为"$D$2:$D$4"；"约束"中添加"$A$3:$A$4=0"。
● 单击 求解，即可得到方程组的解，如图 12.23 所示。

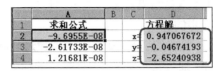

	A	B	C	D
1	求和公式			方程解
2	-9.6955E-08		x=	0.947067672
3	-2.61733E-08		y=	-0.04674193
4	1.21681E-08		z=	-2.65240938

图 12.23　求解结果

12.4　实验 4　相关分析

【第 1 题】 单变量相关分析。

（1）某财务软件公司在全国有许多代理商，为研究它的财务软件产品的广告投入与销售额的关系，统计人员随机选择 10 家代理商进行观察，搜集到年广告投入费和月平均销售额的数据，如图 12.24 所示。用 Excel 的分析工具，分析广告投入与销售额的相关性。

操作步骤：

① 建立数据模型：将数据输入到工作表中，如图 12.24 所示。

	A	B	C	D	E	F	G	H	I	J	K
1	年广告费投入	12.5	15.3	23.2	26.4	33.5	34.4	39.4	45.2	55.4	60.9
2	月均销售额	21.2	23.9	32.9	34.1	42.5	43.2	49	52.8	59.4	63.5

图 12.24　相关分析数据模型

② 单击 工具 → 数据分析，在弹出的"数据分析"对话框中选择"相关系数"，将弹出"相关系数"对话框，如图 12.25 所示。

图 12.25　"相关系数"对话框

设置对话框内容如下。

● 输入区域：选取图 12.24 中$A$1:$K$2，表示标志与数据。

● 分组方式：根据数据输入的方式选择逐行或逐列，此例选择逐行。

● 由于数据选择时包含了标志，所以要选择"标志位于第一列"复选框。

● 根据需要选择输出的位置，本例为$A$4。

● 单击|确定|，输出结果如图 12.26 所示。

图 12.26　相关分析结果

分析结果表明：相关系数 $r=0.994198376$，表示年广告投入费和月平均销售额之间存在高度正相关关系。

（2）某学校进行"综合学习"教学实验，经过一个学期的实验，在学期结束时，从实验班中抽出 14 名学生，记录了他们的语文、数学的成绩，如表 12.1 所示。

要求：检测他们语文和数学成绩的相关程度。

表 12.1　　　　　　　　　　　　　　　　　　成绩表

序号	1	2	3	4	5	6	7	8	9	10	11	12	13	14
语文成绩	60	62	53	57	59	49	48	41	46	58	51	55	78	74
数学成绩	62	80	77	65	67	53	58	67	65	68	68	69	58	88

操作步骤：略。

【第 2 题】　多变量相关分析。

我国 23 个城市 2001 年的经济指标数据如图 12.27 所示。

	A	B	C	D
1	城市	固定资产投资总额(Y)	GDP(x1)	工业总产值(x2)
2	1	52.9589	104.8208	87.1815
3	2	68.9508	485.6173	285.1619
4	3	69.2708	104.4875	84.6394
5	4	72.101	145.6452	100.1338
6	5	97.3925	211.1188	124.5826
7	6	122.7084	386.34	332.1319
8	7	124.3629	363.4412	355.3352
9	8	140.5708	315	251.7889
10	9	146.7685	302.747	258.8494
11	10	172.4216	348.7465	396.5228
12	11	178.7947	828.1974	640.0503
13	12	184.2512	558.3268	803.2877
14	13	199.2565	1003.0125	953.5921
15	14	207.7632	1074.2289	787.4438
16	15	253.0586	1235.64	1103.9275
17	16	256.9496	733.85	482.6105
18	17	257.8558	1066.2	786.7011
19	18	258.1724	1085.4284	860.8672
20	19	263.905	673.0627	411.003
21	20	279.8029	728.0774	370.0281
22	21	283.5581	1236.4727	757.1867
23	22	293.4728	1316.0846	1671.7464
24	23	311.7781	1120.1156	527.6195

图 12.27　我国 23 个城市 2001 年的经济指标数据（亿元）

要求用 Excel 分别计算两对变量间的相关系数，看看哪组变量的相关性强。

操作步骤：

① 建立数据模型：将数据按图 12.27 的格式输入到工作表中。

② 单击 工具 → 数据分析，在弹出的"数据分析"对话框中选择"相关系数"，将弹出"相关系数"对话框。

设置对话框内容如下。

● 输入区域：选取图 12.27 中$B$1:$D$24，表示标志与数据。
● 分组方式：根据数据输入的方式选择逐行或逐列，此例选择逐列。
● 由于数据选择时包含了标志，所以要选择"标志位于第一行"复选框。
● 根据需要选择输出的位置，本例为$F$2。
● 单击 确定，输出结果如图 12.28 所示。

	固定资产投资总额(Y)	GDP(x1)	工业总产值(x2)
固定资产投资总额(Y)	1		
GDP(x1)	0.864005641	1	
工业总产值(x2)	0.685896497	0.8607506	1

图 12.28　多变量的相关分析结果

分析结果表明：

固定资产投资总额(Y)与 GDP(x1)的相关系数 r=0.864005640799187，为高度正相关关系；

GDP(x1)与工业总产值(x2) 的相关系数 r=0.860750603135641，为高度正相关关系；

固定资产投资总额(Y)与工业总产值(x2)的相关系数 r=0.685896497154397，为中度正相关关系。

12.5　实验 5　方差分析

【第 1 题】　单因素方差分析。

（1）国家统计局城市社会经济调查总队 1996 年在辽宁、河北、山西 3 省的城市中分别调查了 5 个样本地区，得到城镇居民人均年消费额（人民币元）数据如图 12.29 所示。

省╲地区	1	2	3	4	5
辽宁	3493.02	3657.12	3329.56	3578.54	3712.43
河北	3424.35	3856.64	3568.32	3235.69	3647.25
山西	3035.59	3465.07	2989.63	3356.53	3201.06

图 12.29　单因素方差分析数据模型

要求：用方差分析方法检验 3 省城镇居民的人均年消费额是否有差异（设 α=0.05）。

操作步骤：

① 建立数据模型：将数据输入到工作表中，如图 12.29 所示。

② 单击 工具 → 数据分析，在弹出的"数据分析"对话框中选择"方差分析：单因素方差分析"，将弹出"方差分析：单因素方差分析"对话框，如图 12.30 所示。

设置对话框的内容如下。

● 输入区域：选择分析数据所在区域$A$1:$F$4。

● 分组方式：提供列与行的选择，当同一水平的数据位于同一行时选择行，位于同一列时选择列，本例选择行。

● 如果输入区域的第一行或第一列包含标志，则选中"标志位于第一列"复选框，本例选取；α：显著性水平，一般输入 0.05，即 95%的置信度。

● 输出区域：分析结果将以选择的单元格为左上角开始输出，本例选择$A$6。

图 12.30　"方差分析：单因素方差分析"对话框参数设置

③ 单击确定按钮，则出现"单因素方差分析"结果，如图 12.31 所示。

6	方差分析：单因素方差分析					
8	SUMMARY					
9	组	计数	求和	平均	方差	
10	省	5	15	3	2.5	
11	辽宁	5	17770.67	3554.134	22606.95	
12	河北	5	17732.25	3546.45	54584.24	
13	山西	5	16047.88	3209.576	41398.14	
16	方差分析					
17	差异源	SS	df	MS	F	P-value	F crit
18	组间	44601229	3	14867076	501.4537	4.999E-16	3.238867
19	组内	474367.3	16	29647.96			
20							
21	总计	45075597	19				

图 12.31　单因素方差分析结果

运算结果：本例中 F 统计值是 501.4537，远远大于 F 临界值 3.238867。所以，拒绝接受等均值假设，即认为 3 省城镇居民的人均年消费额有显著差距。从显著性分析上也可以看出，概率几乎为 0，远远小于 0.05。

（2）某计算机教师欲了解自己所教的 3 个不同专业学生的计算机成绩是否与他们所属的专业有关，分别从统计、会计、金融 3 个专业中各随机抽取 15 名学生，将他们的考试成绩整理如表 12.2 所示。假定这 3 个不同专业学生在其他各方面条件基本相同。

要求：用方差分析方法检验这 3 个专业的学生计算机成绩有无显著差异。（$\alpha = 0.05$）

表 12.2　　　　　　　　　　　　　　　　　**成绩表**

班级	计算机考试成绩														
统计	73	89	82	43	80	73	66	60	45	93	36	77	88	55	6
会计	88	78	48	91	51	85	74	77	31	78	62	76	96	80	56
金融	68	79	56	91	71	71	87	41	59	68	53	79	15	56	77

操作步骤：略。

附录 1   习题参考答案

第 1 章   习题参考答案

一、选择题

1．C 2．D 3．C 4．A 5．A 6．A 7．C 8．B 9．D 10．D 11．D 12．B 13．C 14．B 15．A 16．A 17．C 18．C 19．B 20．B

二、思考题

1．否。一个 Excel 文件只是一个工作簿。一个工作簿可以包含多个工作表。

2．不相同。清除可以删除单元格的内容、格式和标注，但是保留单元格。删除是删除掉单元格、行或列。

3．它们都能实现单元格内容的移动和复制。但是"移动"/"复制"操作覆盖目标单元格区域的内容，"移动插入"/"复制插入"不覆盖目标单元格区域的内容，可以选择目标单元格区域的数据下移或右移。

第 2 章   习题参考答案

一、选择题

1．A 2．D 3．D 4．C 5．A 6．B 7．A 8．A 9．D 10．C 11．D 12．D 13．C 14．C 15．A 16．D 17．A 18．A、D 19．C 20．D

二、思考题

不一定。如果公式不需要复制，则用这 3 种地址引用是一样的。只有在复制公式的时候，公式中引用相对地址的部分复制后会变化，但是引用的相对位置不变。公式中引用绝对地址的部分不变，始终为固定引用。

三、应用题

1．（1）E2=B2+C2+D2   （2）F2=E2/3

（3）B11=SUM(B2:B10)   （4）B12=AVERAGE(B2:B10)

（5）B13=MAX(B2:B10)

（6）G2=IF(E2>=2500,"一等",IF(E2>=2000,"二等","三等"))

（7）G12=COUNTIF(G2:G10,"一等")

2．（1）B110=SUM(B2:B101)   （2）B111=AVERAGE(B2:B101)

（3）C2=INT(B2/100)   （4）D2=INT((B2-C2*100)/50)

（5）E2=INT((B2-C2*100-D2*50)/10)

第 3 章 习题参考答案

一、选择题
1．B 2．D 3．C 4．B 5D

二、判断题
1．× 2．× 3．× 4．√ 5．× 6．× 7．√ 8．√ 9．√ 10．×

第 4 章 习题参考答案

一、选择题
1．D 2．C 3．B 4．B 5．C

第 5 章 习题参考答案

一、选择题
1．B 2．D 3．B 4．C 5．A

二、判断题
1．√ 2．× 3．√ 4．× 5．×

三、思考题
1．（1）直方图用矩形描述各个系列数据，以便对各个系列数据进行直观比较。（2）折线图是将同一个系列数据表示的点（等间隔）用直线连接。强调数据系列的变化趋势。（3）饼图用于描述一个数据系列中的每一个数据占该系列数值总和的比例。

四、应用题
（1）=IF(B2>=25000, "高", IF(B2>=10000, "中", "低"))
（2）A1:A2 和 C1:E2

第 6 章 习题参考答案

一、选择题
1．A 2．D 3．C 4．D 5．B

二、思考题
1．（1）是。（2）分类汇总是按不同类别的数据分别得到统计结果。统计结果包括分类后的总和、数量和平均值等。（3）数据透视表是对原有的数据清单重组并建立一个统计报表。包含了分类汇总的功能，用统计报表的形式得出分类汇总的结果。

2．（1）条件区第一行为字段名或空白。（2）筛选条件出现在不同行，为"或"关系；筛选条件出现在同一行，为"与"关系。

第 7 章 习题参考答案

一、选择题
1．C 2．B 3．B 4．A 5．D

二、思考题

1.（1）如果只对指定区域的数据求累加和，用 SUM 函数。（2）如果对满足一个条件的指定区域求累加和，用 SUMIF 函数。（3）如果对满足一个或多个条件的指定区域求累加和，用 DSUM 函数。

2.（1）如果只是对指定区域的数据求数值型数据的个数，用 COUNT 函数。（2）如果对满足一个条件的区域求指定区域的数值型数据的个数，用 COUNTIF 函数。（3）如果对满足一个或多个条件的指定区域求指定字段的数值型数据的个数，用 DCOUNT 函数。

三、应用题

如果"职工号"定位在 A1 单元格，在 C2 单元格输入"=year(Today())-year(B2)"。

第 8 章　习题参考答案

一、选择题

1．C　2．D　3．C　4．C　5．C　6．C　7．B

二、填空题

1．（1）A8；（2）=PMT(C3/12,C2*12,C1)；（3）输入引用行的单元格框中；（4）$C$3

2．（1）=8*D1^3+3*D2^2+D3−19

=5*D1^2+4*D3−8

=5*D1+2*D2^2+6*D3−9

（2）设置目标单元格：$A$1；值为：0；可变单元格：$D$1:$D$3；约束：$A$2:$A$3

第 9 章　习题参考答案

应用题

3、4 题的提示：打开"宏"记录器的情况下做一遍要实现的操作即可。

附录 2 常用快捷键

快 捷 键	含 义
Esc	取消单元格或编辑栏中的输入
Ctrl+;（分号）	输入日期
Ctrl+Shift+:（冒号）	输入时间
Alt+Enter	在单元格中换行
Ctrl+Enter	用当前输入项填充选定的单元格区域
Ctrl+Shift+Enter	将公式作为数组公式输入
Shift+F11	插入新工作表
Ctrl+PageDown	移动到工作簿中的下一张工作表
Ctrl+PageUp	移动到工作簿中的上一张工作表
Ctrl+箭头键	Ctrl＋→、←、↑或↓，移动到当前数据区域的边缘
Home	移动到行首
Ctrl+Home	移动到工作表的开头
Ctrl+End	移动到工作表数据所占用的最右列的最下一行的单元格
F9	计算所有打开的工作簿中的所有工作表
Shift+F9	计算活动工作表

参 考 文 献

[1] 王晓民. Excel 2002 高级应用. 北京：机械工业出版社，2003.

[2] 王成春，萧雅云. Excel 2002 函数应用密芨. 北京：中国铁道出版社，2002.

[3] 韩良智. Excel 在财务管理中的应用. 北京：人民邮电出版社，2004.

[4] 谢柏青，张键清，刘新元. Excel 教程（第 2 版）. 北京：电子工业出版社，2003.

[5] 陈进，杨尚群，崔金红. 计算机应用基础. 北京：中国金融出版社，2005.

[6] Microsoft Office Excel 2003 帮助系统

[7] 中华人民共和国国家统计局网站 http://www.stats.gov.cn/

[8] 中国基金网站 http://www.chinafund.cn/